반려동물질병학

Diseases of Companion Animals

반려동물 질병학

김옥진 · 함희진 공저

동문사

머리말

동물질병학은 동물의 질병 발생 원인과 예방 방법을 제시할 수 있는 학문으로 비전염성과 전염성 질병으로 분류하여 학습을 할 수 있으나 그동안 반려동물 질병에 대한 체계적인 교재가 부족한 상황이었다.

본 교재는 반려동물 질병을 체계적으로 학습할 수 있는 서적으로서 질병을 계통별로 나누어 이해하기 쉽도록 신체 부위별로 나누어 자주 발생하는 질병을 분류함으로써 학습이 보다 용이하게 이루어지도록 하였다.

동물보호법에서 '반려동물'이란 반려(伴侶)의 목적으로 기르는 개, 고양이 등 농림축산식품부령으로 정하는 동물을 말한다고 되어 있고, 동물보호법 시행규칙에서 농림축산식품부령으로 정하는 '반려동물'이란 개, 고양이, 토끼, 페럿, 기니피그 및 햄스터를 말한다고 규정하고 있다.

최근 동물보건사 자격 제도가 시행되면서 동물보건사 양성 교육 과정의 필수 교과목에 동물질병학이 배정되어 있고 반려동물 질병의 체계적인 학습의 필요성이 크게 대두되고 있다.

수의사법에서 동물보건사란 동물병원 내에서 수의사의 지도 아래 동물의 간호 또는 진료 보조 업무에 종사하는 사람으로서 농림축산식품부장관의 자격인정을 받은 사람을 말한다고 규정하고 있다.

동물보건사는 동물병원에 내원한 동물의 간호 또는 진료 보조 업무에 종사하는 것이며, 개, 고양이, 토끼, 페럿, 기니피그 및 햄스터 등과 같은 반려동물에 대한 동물의 간호 또는 진료 보조 업무에 종사하는 사람으로 볼 수 있다.

동물보건사 국가고시의 시험과목으로서의 '동물질병학'은 동물병원에 내원하는 주 환자 동물 그룹인 반려동물(Companion Animals)에 대한 질병학을 위주로 구성되어 있다. 본 교재는 동물보건사가 알아야 할 필수 반려동물 질병으로 개, 고양이, 토끼, 페럿, 기니피그 및 햄스터에 대한 질병학으로 구성하였다. 또한, 동물병원에 내원하는 또 다른 환자 그룹인 애완동물 가운데 거북이, 도마뱀, 이구아나, 뱀, 고슴도치에 대한 질병학을 추가로 포함하였다. 따라서 본 교재는 동물보건사 필수 교과목인 동물질병학의 핵심 기본서로 효율적인 학습을 도모할 수 있는 기본 지침서라 할 수 있다.

최근 반려동물을 양육하는 반려인들이 늘어나면서 반려동물 질병에 대한 학습 욕구도 증가하고 있으나 체계적인 학습서가 부족한 상황이다. 본 교재는 이들 반려인들에게도 효율적인 학습서로 이용될 수 있다.

또한 동물보건학과, 동물관리학과 및 동물관련학과 학생들의 기본 교재로서 본 교재가 효율적으로 활용될 수 있을 것으로 기대된다.

본 교재의 출간이 반려동물 질병에 대한 이해와 예방에 크게 기여할 것으로 기대하며 본 교재의 완성을 위하여 인용 및 발췌를 허락하여 주신 여러 선배님들에게 또한 감사드린다. 본 교재가 반려동물질병학을 학습하고자 하는 분들에게 방향을 제시하여 줄 수 있으면 하는 바람으로 이 글을 맺을까 한다.

저자 일동

차 례

PART 2. 애완동물

PART 1

반려동물

Chapter

01 병리학 개론

병리학(pathology)이란 질병이 인체에 가져오는 형태적, 기능적 변화들을 연구함으로써 질병의 원인 및 발생과정을 탐구하는 의학의 가장 기초가 되는 학문이다. 기능적으로는 기초 과학과 임상 의학을 연결하는 근간이 되는 주요 학문이며, 기초의학에서 질병의 병태생리 및 형태학적 양상을 연구하고, 임상의학 측면으로는 병원에서 환자의 질병에 대한 최종진단을 내리며, 환자의 예후 및 향후 치료 방침을 결정하는 데 중요한 정보들을 제공하고 있다.

1. 염증

1) 염증이란

염증은 조직의 손상이나 항원의 침입에 대한 조직의 반응이며 통증, 부기, 가려움, 열감, 기능의 손상 등이 포함된다. 염증은 조직 및 주변 미세순환 감염과 손상에 대한 반응으로 공격 인자들을 제거하기 위해 혈관을 통해 함유한 조직성분이 순환계를 통해 필요한 장소로 동원하는 반응이다.

즉, 염증반응(inflammatory response)이란 상처가 난 곳이 열나고 붉게 되고 부어오르며 통증을 느끼게 되는 반응이다. 면역물질과 면역세포들에 의한 대식세포들은 감염 미생물의 제거 또는 불활성화를 일으키고 그 결과 죽은 미생물, 세포잔해 및 백혈구들이 모여 고름이 된다. 이때 대식세포에서 나온 물질에 의해 체내 자동온도조절장치를 상향 조절하여 열이 나는데 심한 경우 40°C까지 체온이 오르기도 한다. 염증반응 후기에는 감염 부위로부터 유입된 항원들에 의해 활성화된 림프구들이 관여하며 수지상세포와 같은 면역세포들이 보조 T세포에 항원을 제시하여 후천적 면역반응이 활성화되는 데 기여한다.

급성 염증은 유해한 자극에 대한 초기반응이며, 이것은 손상된 조직에 몰린 혈액의 활동이 증가되어 발생하는 것이다. 염증이 진행되면, 만성 염증이라고 하는데, 이때에는 염증 부위에 반응하는 세포의 종류가 변화하며, 염증과정에서 조직의 손상과 파괴가 동시에 일어나게 된다. 급성 염증은 단기간에 나타나기 때문에 이에 대한 증상들도 빠르게 나타나게 된다. 만성 염증은 수개월 또는 수년간 증상이 지속적으로 나타나며, 주로 급성 염증이 지속되거나 반복되면서 발생한다. 따라서 만성 염증의 경우에는 환자가 정서적으로 안정할 수 있는 간호의 내용을 제공하여야 한다.

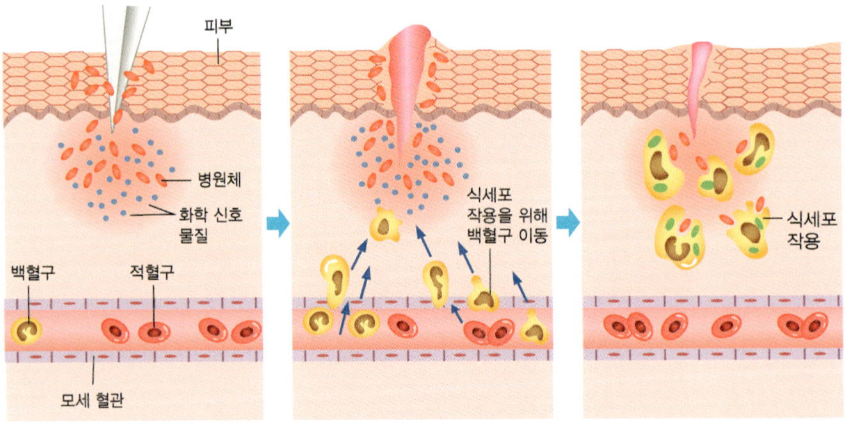

그림 1-1 **염증반응**

출처: http://xn--vg1b002a5sdzqo.kr/searchview.php3?no=26449&read_temp=20160624&section=46

- 염증의 주요 특징: 염증 매개물질의 활성화, 백혈구 증가 및 혈관에서 혈관 밖 조직으로의 이동
- 염증의 임상적 특징: 4대 증상(발열, 발적, 부종, 통증) + 기능 감소(5대 증상에 포함)
- 염증반응의 매개체: 조직손상, 부상, 국소빈혈, 종양, 감염(세균, 바이러스, 곰팡이, 기생충 등), 외부 이물질(석면 등)에 의해 염증 매개체나 화학적 요소 생산
- 염증의 혈관적 매개체 생산: histamine, serotonin, bradykinin, anaphylatoxins, leukotrienes, prostaglandins, 혈소판활성화인자, 산화질소, formylated peptides, chemokines 등
- 혈관적 매개체에 의해 혈관확장, 혈관투과성 증가로 부종: 화학적 요소들에 의해 염증세포의 모집과 자극이 일어나 급성 염증세포(혈소판, 비만세포), 만성 염증세포(대식세포, 림프구, 혈장세포)가 작용

2) 급성 염증

(1) 혈관 변화

- 세 동맥의 일시적인 혈관 수축: 가장 초기의 혈관 반응
- 세 동맥혈관 확장: 조직에 혈류 공급을 증가시켜 충혈을 유발함. 발적이나 발열의 원인이 됨
- 내피세포의 투과성 증대: 단백질이 혈관 외 조직으로 이동(적혈구는 농축되고 점성 증가로 순환은 느려짐), 부종의 원인
- 부종(edema): 간질 조직 혹은 장막 강 내의 과도한 체액 축적
- 누출액(transudate): 단백질 함량이 낮은 체액, 세포나 염증 매개물질이 적음
- 삼출액(exudate): 탁함, 세포나 염증 매개물질이 많음. 장액성 삼출액, 섬유소성 삼출액, 화농성 삼출액 등

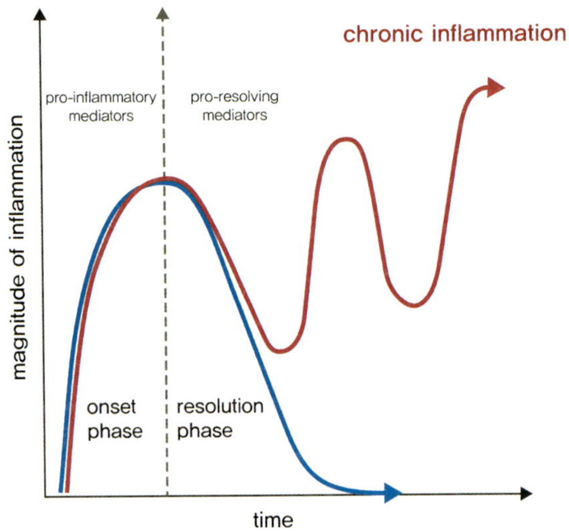

그림 1-2 시간에 따른 급성 염증(아래 화살표)과 만성 염증(위 화살표)의 염증반응 정도

출처: https://ko.wikipedia.org/wiki/%EC%97%BC%EC%A6%9D#%EB%B6%84%EB%A5%98

★ macrophage: 만성 염증 관여

★ granulocyte: 급성 염증 관여

3) 만성 염증

만성 염증이란 지속된 자극에 대한 장기간의 숙주 반응이며, 염증, 조직손상, 흉터수복, 면역반응이 혼재되어 나타난다. 침윤된 세포들은 대식세포, 림프구, 형질세포, 다른 백혈구 등이다. 육아종성 염증은 잘 제거되지 않는 물질에 대응하여 T세포와 대식세포가 활성화되어 발생하는 만성 염증의 한 유형이다. 계속 분열하는 조직은 사멸된 세포들을 보충하기 위해 분화되는 줄기세포를 가지고 있으며, 조직의 항상성을 유지한다.

2. 백신

백신이란 한 종류 또는 다수의 특이한 병원체나 독소(병원체 자신이 가지고 있거나 대사과정에서 배출됨)를 적당한 방법으로 배양 또는 처리하여 병원성이 전혀 없거나 아주 미약하게 만든 제품을 말하며 접종 부위는 주로 근육 또는 피하접종이 대부분이나 어떤 종류의 백신은 경구적으로, 혹은 비강으로 접종하는 백신도 있다. 독소(toxin)는 어떤 다수의 미생물이 산생하는 물질이나 미생물의 구성성분으로 아주 적은 농도로서도 동물 체내에 있는 장기의 조직이나 세포에 구조적 혹은 기능적으로 장애를 초래하여 동물에 손상을 줄 수 있는 물질이다.

1) 생독백신과 사독백신

임상적인 감염증을 일으키는 바이러스나 세균의 균종을 분리하여 면역 형성을 위한 백신을 제조하는데 그 제조과정에서 살아 있는 상태로 계대한 후 약독화하여 제조한 백신 중 바이러스 백신은 생독백신, 균백신은 생균백신이라 말하며 이와는 반대로 이들을 포르말린 등의 화학적 처리를 하여 사멸시킨 후 그 세포를 이용하여 제조한 백신을 사독 혹은 사균 백신 또는 불활화백신이라 칭한다.

두 가지 제조방법에 의하여 만들어진 백신은 각각의 장단점이 있어 그 목적에 따라 제조방법은 선택된다. 일반적으로 생독백신의 경우 접종 후 3주 정도 되면 최고도의 면역을 획득하게 되며 사독(사균) 백신은 10일에서 21일 간격으로 보강접종을 한다. 현재 시판되는 백신은 대부분 안전하여 권장량의 2~3배의 백신을 접종하여도 큰 부작용이 발생되지 않을 뿐 아니라 생독백신의 경우에도 1/2 정도의 백신으로도 모체이행항체의 소실 시기를 잘 맞추면 면역 형성이 되니 접종 시에 좀 흘렸다고 다시 재접종할 필요는 없을 것이다.

(1) 생독(생균) 백신 장점

① 모체이행항체의 소멸 시기에 접종하면 1회 접종으로 면역력이 생성된다.

② 제조 비용이 사독에 비하여 상대적으로 적어 값이 저렴하다.

③ 면역이 형성된 경우 사독에 비하여 면역 지속기간이 길다.

④ 냉동 건조되어 있어 냉장고에서 동결이 되어도 사용이 가능하다.

⑤ 생독백신은 적은 바이러스 양으로 감염방어능력을 형성한다.

(2) 사독(사균) 백신 장점

① 안정성이 높고 겔(gel) 또는 오일(oil)로 제조되어 사용이 용이하다.

② 생독백신에 비하여 냉장보관이 용이하다.

③ 개발하는 데 오래 걸리지 않는다.

④ 보강접종으로 면역증강효과가 크다.

⑤ 유효 항원만 정제 추출함으로써 부작용 경감과 면역원성이 향상된다.
(사독백신은 반드시 2~3주의 간격을 맞추어 주어야 효과가 있다.)

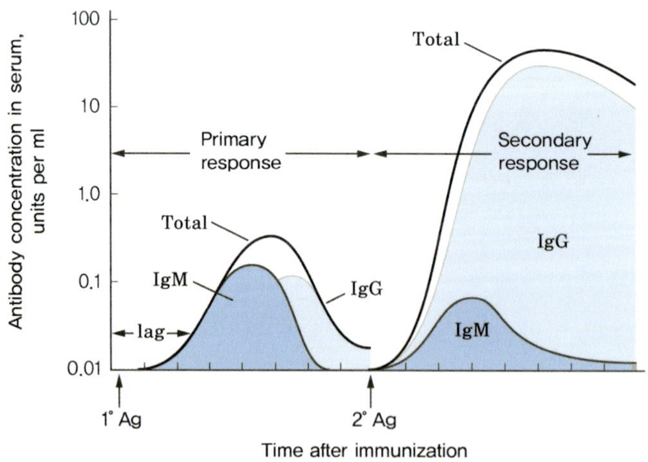

그림 1-3 반복 접종에 의한 방어항체 양의 혈중 내 증가

출처: https://courses.lumenlearning.com/suny-ap2

2) 모체이행항체

개는 분만 직후 일반 비유기 젖보다 더 진한 형질의 젖을 분비하는데 이를 가리켜 '초유'라고 하고 그 초유에는 모견이 살아오면서 체험한 질병에 대한 면역물질과 백신 접종에 의하여 형성된 면역물질이 함유되어 있어 이를 모체이행항체라고 부르며 그 항체의 수준을 계수화시켜 놓은 것을 항체가라고 한다. 모체이행항체에 의한 항체 획득은 자신의 노력이 아닌 젖을 통한 항체 획득이라는 의미로 '수동 면역'이라 하고 그 반면에 백신에 의한 항체 형성은 바이러스의 체내 증식에 의하여 형성된 항체라고 하여 '능동 면역'이라고 한다. 모체이행항체는 질병 별로 항체가 수준이 달라 반감기에 의하여 어떤 질병은 방어항체가 수준 이상으로 남아 있는 데 비하여 어떤 질병은 이미 방어항체가 수준 이하로 저하되어 바이러스에 노출되면 감염이 된다. 일반적으로 충분한 항체를 소유한 모견의 초유를 충분히 먹은 자견의 경우라 하더라도 생후 주령이 늘어나면서 모체이행항체가 소실되어 12주령이 넘어가면 완전 소실로 면역공백이 생기게 된다. 대부분 방어항체가 수준 이하로 모체이행항체가 소실되기 전에 백신을 접종하는 것이 좋다. 개체에 따라 모체이행항체 소실 시기가 다르지만 일반적으로 젖을 떼는 6주 이후부터 예방접종을 시작하도록 권장하고 있다. 1회 접종으로 병원체를 막아낼 수 있는 충분한 방어항체가 체내에 생성되지 않기 때문에 2~4주 간격으로 3~5회 정도의 기본 백신 접종 프로그램이 요구되고 있다.

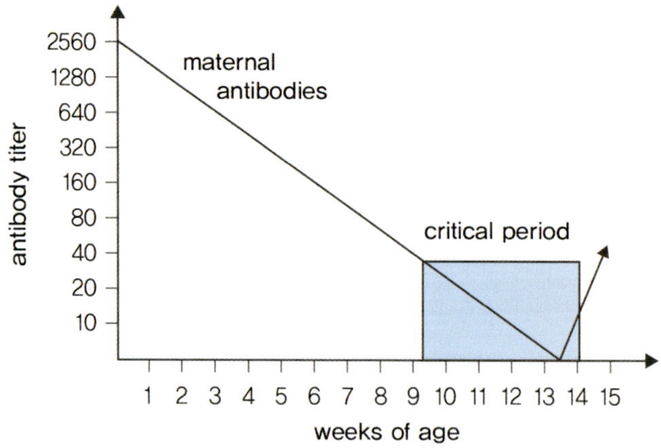

그림 1-4 출생된 강아지 혈액 내 개 파보 바이러스에 대한 모체이행항체의 소실

출처: https://veteriankey.com/immunization

3. 개

1) 개 예방접종 종류

① 개 종합백신(DHPPL)

일반적으로 비교적 간섭 현상이 덜하고 표적장기(target organ)가 다른 백신을 사용자가 쓰기 편하게 몇 개씩 묶어 DHP, DHPP, DHPPL 등으로 명하는 혼합백신이 생산되고 있다. 국내에 주로 사용되는 종합백신은 DHPPL로서 distemper(홍역), infectious hepatitis(전염성 간염), parvo virus(파보 바이러스 장염), parainfluenza (파라인플루엔자), leptospirosis(렙토스피로시스) 감염증과 같은 5종 병원체에 대하여 예방할 수 있다.

그러나 개를 위하여 가능한 최소한 혼합되어 있는 백신을 사용하는 것이 현명하다는 것을 인식하여야 할 필요는 있다. 특히 표적장기가 같은 백신은 반드시 별도로 백신을 하는 것이 유리하며 파보백신처럼 생독과 사독 백신이 각각 개발되어 있는 경우에는 반드시 최소 15일 정도의 간격을 두고 사용하는 것이 현명하다.

2) 개 예방접종 스케줄

모체이행항체가 소실되기 이전인 생후 6주령부터 예방접종을 실시하여 방어항체 수준을 끌어올리기 위해서 백신을 프로그램에 따라 반복 접종을 한다. 반려견의 예방접종은 모체이행항체가 소실되기 전에 젖 떼는 6주령부터 실시한다. 젖을 먹는 동안은 모체이행항체 때문에 접종을 하지 않고 젖을 떼는 연령부터 예방접종을 실시한다.

표 1-1 반려견 예방접종의 종류와 접종 프로그램

백신 종류	예방 목적 질병	접종 프로그램
5종 종합백신(DHPPL)	개 홍역, 개 간염, 개 감기, 개 파보장염, 렙토스피라	생후 6주부터 2~4주 간격으로 5회 접종 이후 매년 1회 보강 접종
4종 종합백신(DHPP)	개 홍역, 개 간염, 개 감기, 개 파보장염	생후 6주부터 2~4주 간격으로 5회 접종 이후 매년 1회 보강 접종
코로나 장염	Canine corona virus	생후 6주부터 2~4주 간격으로 2~3회 접종 이후 매년 1회 보강 접종
켄넬코프	*Bordetella bronchiseptica* Parainfluenza virus	생후 8주부터 2~4주 간격으로 2~3회 접종 이후 매년 1회 보강 접종
개 인플루엔자	Canine influenza	생후 10주부터 2주 간격으로 2회 접종 이후 매년 1회 보강 접종
광견병	Rabies virus	생후 3~4개월령 1회 접종 이후 6개월마다 보강 접종

3) 개 기생충의 예방 및 치료

자연환경에 널리 분포되어 있어 다양한 전파방법으로 감염되는 기생충의 감염 예방을 단순한 구충제만으로는 어려움이 있어 기생충의 기초적인 생활사를 평소에 알아두어야 할 필요가 있으며 다음과 같은 요령으로 관리하면 구충은 물론 건강한 개의 상태를 유지할 수 있다.

① 조속한 분변 청소 및 위생적 처리
② 동물 자체 및 주변 정기적인 소독
③ 청결하고 영양이 풍부한 먹이 급여
④ 이, 벼룩, 모기 등의 해충 구제
⑤ 쥐의 구제
⑥ 선충류 및 조충류, 흡충류 구충이 가능한 종합구충제

일반적인 구충 프로그램으로 신생 자견 15일, 25일, 40일령쯤 구충을 실시한 후 집안에서 키우는 개는 2개월마다, 야외에서 키우는 개는 월 1회씩 연속 구충하는 것이 현명하다.

4. 고양이

1) 고양이 예방접종 종류

① 3종 종합백신

고양이 3종 종합백신은 바이러스성 장염인 고양이 범백혈구감소증 바이러스(feline panleukopenia virus, FPV)와 바이러스성 호흡기 질환인 고양이 바이러스

성 비기관염 바이러스(feline viral rhinotracheitis virus, FHV), 그리고 고양이 칼리시 바이러스(feline calici virus, FCV)의 3개 병원체에 대한 예방 백신이다.

고양이 범백혈구감소증(feline panleukopenia)은 고양이 전염성 장염이라고도 불리며 고양이 파보 바이러스(feline parvo virus, FPV)에 의해 발병하는 바이러스성 장염이다. 전염성이 매우 강하고 치사율이 높아 모든 고양이 종에게 치명적이다.

고양이 바이러스성 비기관지염(feline viral rhinotracheitis)은 Herpes viridae과에 속하는 고양이 허피스 바이러스(feline herpes virus, FHV)에 의해 유발되는 상부호흡기 질환 혹은 폐질환이다. 매우 전염성이 강력하며 어린 고양이에서는 폐렴을 일으켜 폐사시킬 정도로 중병을 나타낼 수 있다.

고양이 칼리시 바이러스(feline calici virus, FCV)는 상부 호흡기 감염이 있는 고양이의 약 50%에서 관찰된다.

② 4종 종합백신

3종 종합백신 병원체 + 클라미디아의 4개 병원체에 대한 예방

③ 단독백신

- 고양이 전염성 복막염(feline infectious peritonitis, FIP)
- 고양이 광견병: rabies virus 예방
- 고양이 백혈병 바이러스(feline leukemia virus, FeLV)
- 클라미디아: chlamydia psittaci 병원체 예방
- 고양이 면역결핍 바이러스(feline immunodeficiency virus, FIV): lentivius 일종

2) 고양이 예방접종 스케줄

① 고양이 백신은 젖을 뗀 생후 8주령부터 접종하는데, 종합백신은 흔히 3종 백신으로 '백혈구감소증(FPV) + 바이러스성 호흡기 질환(FVR, FCV)'의 3개 병원체에 대한 백신이 혼합되어 있는 제품을 많이 사용하며, 생후 8주부터 접종을 시작하여 2~4주 간격으로 3회를 실시한다.

② 최근 4종 종합백신으로 '백혈구감소증(FPV) + 바이러스성 호흡기 질환(FVR, FCV)'의 3개 병원체에 클라미디아를 추가하여 4종 백신으로 접종 간격은 3종 백신과 동일하다.

③ 이후 매 1년에 한 번 이상 추가접종을 해주며 종합백신 추가접종 시에는 고양이 백혈병 바이러스 검사를 필수적으로 해주어야 한다.

④ 12주령에 고양이 전염성 복막염 바이러스 백신 1차 접종, 16주령에 2차, 이후 1년에 1회 추가접종한다.

⑤ 12주령에 고양이 백혈병 바이러스 백신 1차 접종, 16주령에 2차, 이후 1년에 1회 추가접종한다.

⑥ 고양이 광견병 예방주사는 생후 16주령에 1차 접종한 후 매년 추가접종을 한다.

⑦ 고양이의 기생충 감염은 때로 사람에게도 옮겨질 수 있어서 기생충 검사 후 건강상태에 따라 구충제를 먹여야 한다.

표 1-2 고양이 예방접종의 종류와 접종 프로그램

연령	백신 종류
6~8주령	1차: 3종(or 4종) 종합백신 「백혈구감소증(FPV) + 바이러스성 호흡기 질환(FVR, FCV)」(+클라미디아)
12주령	2차: 3종(or 4종) 종합백신 「백혈구감소증(FPV) + 바이러스성 호흡기 질환(FVR, FCV)」(+클라미디아) 1차: 전염성 복막염(FIP) 1차: 백혈병(FeLV)

16주령	3차: 3종(or 4종) 종합백신 「백혈구감소증(FPV) + 바이러스성 호흡기 질환(FVR, FCV)」(+클라미디아) 2차: 전염성 복막염(FIP) 2차: 백혈병(FeLV) 1차: 광견병(rabies)
매년	3종(or 4종) 종합백신 「백혈구감소증(FPV) + 바이러스성 호흡기 질환(FVR, FCV)」(+클라미디아), 백혈병, 전염성 복막염, 광견병

* FPV: 고양이 백혈구감소증, FVR: 고양이 바이러스성 비기관염,
FCV: 고양이 칼리시 바이러스, FeLV: 고양이 백혈병, FIP: 고양이 전염성 복막염

표 1-3 고양이 5종 예방접종의 종류와 접종 프로그램

<table>
<tr><td rowspan="3">3종 종합백신</td><td colspan="4">Panleukopenia(범백혈구감소증, 약자는 FPV)</td></tr>
<tr><td colspan="4">Feline viral rhinotracheitis(고양이 바이러스성 비기관지염, 약자는 FVR)</td></tr>
<tr><td colspan="4">Calici(칼리시 바이러스, 약자는 FCV)</td></tr>
<tr><td rowspan="2">2종 백신</td><td colspan="4">Feline Leukemia(고양이 백혈병, 약자는 FeLV)</td></tr>
<tr><td colspan="4">Chlamydia(클라미디아)</td></tr>
<tr><th>고양이 연령</th><th>면역강화 주사</th><th>3종 종합백신 (혹은 4종 종합백신)</th><th>백혈병 (혹은 2종 백신)</th><th>복막염</th></tr>
<tr><td>4~6주</td><td>1회 접종</td><td></td><td></td><td></td></tr>
<tr><td>6~8주</td><td></td><td>1차</td><td></td><td></td></tr>
<tr><td>11주</td><td></td><td>2차</td><td>1차</td><td></td></tr>
<tr><td>14주</td><td></td><td>3차</td><td>2차</td><td></td></tr>
<tr><td>16주</td><td></td><td></td><td></td><td>1차</td></tr>
<tr><td>19주</td><td></td><td></td><td></td><td>2차</td></tr>
<tr><td>접종법</td><td rowspan="2">1회만 접종</td><td>3주 간격 3회</td><td>3주 간격 2회</td><td>3주 간격 2회</td></tr>
<tr><td>기타</td><td>사전검사 필요 없음
매년 추가접종</td><td>매년 접송 시마나
사전검사</td><td>매년 접종 시마다
사전검사, 코에 약 넣음</td></tr>
</table>

출처: http://www.acat.kr/sub1_3/962

5. 토끼

1) 토끼 예방접종 종류

토끼의 예방접종은 토끼의 유행성 출혈열 예방접종과 광견병 예방접종이 있다. 토끼의 유행성 출혈열 백신은 생후 3개월 시기에 1회를 실시하고, 그로부터 한 달 후 2차 접종하면 된다. 광견병 예방접종은 생후 3개월이 넘는 토끼에게 1년에 1~2회 접종하면 된다.

표 1-4 토끼의 예방접종

예방주사 종류	기초접종	보강접종
Rabbit hemorrhagic disease (RHD)	1차 접종: 생후 2개월령 2차 접종: 생후 3개월령	6개월에 1회
광견병	생후 3개월령에 1회 접종	1년에 1회

그림 1-5 토끼 출혈병 백신

출처: http://www.baekjeanimal.kr/boardlOTy64/1574

2) 토끼의 기생충 구제

① 외부 기생충: 약물 샴푸로 목욕을 시키거나, 주사로 치료한다.

② 내부 기생충: 2달에 1회씩 정기적으로 복용 또는 주사로 예방, 치료한다.

6. 햄스터

1) 햄스터의 질병예방

질병이 있는 햄스터는 예민하게 반응하고 경직된 걸음걸이로 걷거나 움직이기 싫어한다. 눈은 초점이 없어 보이며 종종 결막 삼출물이 관찰될 수도 있다. 주요 증상으로는 설사, 탈모, 다음다뇨, 눈 분비물, 호흡곤란 등의 임상증상을 보인다.

야행성인 햄스터는 시각보다 후각이 발달해, 주인을 인식할 때도 후각을 사용한다. 무엇보다 햄스터는 치아가 평생 자라기 때문에 건강한 치아를 위해 각별한 관리가 필요하다. 햄스터가 앞니를 갈 수 있도록 이갈이 스틱을 준비해 넣어주어야 한다. 햄스터는 기본적으로 해바라기 씨와 같은 알곡들과 사료를 먹는데, 앞니가 평생 자라기에 부드러운 사료보다는 직접 까서 먹을 수 있는 사료가 좋다.

햄스터를 양육할 때는 꼭 한 케이지에 한 마리만 넣어야 한다. 두 마리를 한 케이지에 넣게 되면 '카니발리즘(cannibalism 동족포식)' 습성에 의해 서로를 공격해, 다치거나 죽는 일이 발생하기도 한다.

햄스터는 강아지처럼 주기별로 꼭 맞아야 하는 예방접종은 없으나 기생충에 감염되는 경우가 간혹 있어 구충제는 꼬박꼬박 챙겨주는 것이 좋다.

2) 햄스터가 질병에 걸리기 쉬운 환경

햄스터의 질병은 불결한 환경에 기인하는 경우가 많다. 일정한 주기로 케이지와 그 외 모든 것들을 완전히 소독해 주어야 하며, 햄스터를 만지기 전에는 꼭 손을 깨끗이 씻어야 한다. 일반적으로 다음과 같은 환경에서는 질병 발생 빈도가 증가할 수 있다.

- 바람에 노출되거나 기온이 갑자기 변할 때
- 먹이가 부족하거나 편식을 시킬 때
- 깔짚이 젖어 축축할 때
- 무른 먹이나 수분이 많은 먹이만 계속해서 줄 때
- 너무 협소한 공간이라 운동량이 부족할 때
- 햄스터의 잠을 방해할 때

그림 1-6 햄스터의 모습

출처: https://ko.wikipedia.org/wiki/%ED%96%84%EC%8A%A4%ED%84%B0

7. 페럿

1) 페럿의 예방접종 종류

페럿은 홍역과 광견병 백신을 접종하여야 한다. 홍역은 페럿에서 100% 치명적인 질병이다. 즉, 감염이 되면 대부분의 페럿은 죽게 되는 질병이므로 홍역백신은 철저히 접종하여야 한다.

국내의 경우 반려견에서 홍역이 매우 많이 발생하기 때문에 이 질병이 페럿에게 전염될 확률은 어느 나라보다도 더 높다. 홍역백신의 경우는 3회 접종을 한 후 매년 1회 보강접종을 해준다. 6~8주령에 1차, 10~12주령에 2차, 13~14주령에 3차 접종을 한다. 홍역이 많이 발생하는 우리나라에서는 4회 접종을 하는 것이 더 바람직하며 실제 다발지역에서는 4회 접종을 한다.

광견병 백신은 생후 3개월령에 1회 접종을 하고 그 이후에는 매년 1회 접종한다.

표 1-5 페럿의 예방접종 일정

페럿 백신접종 프로그램					
	1차 접종	2차 접종	3차 접종	4차 접종	보강 접종
홍역	생후 7주령	생후 9주령	생후 11주령	생후 13주령	4차 접종 후 매년 1회
광견병	생후 3개월령	×	×	×	매년 1회
홍역 3회 접종을 원할 경우에는 홍역 역가 검사를 하여 항체를 측정한 후에 충분한 항체가 형성되어 있다면 접종을 마치고 그렇지 않을 경우에 4차 접종을 하는 방법도 생각할 수 있다.					

출처: http://www.vetopia.co.kr/xe/ferret/759

2) 페럿을 반려동물로 키우기 전에 할 일

페럿은 야생에서 토끼와 쥐를 없애기 위해 사육하였으나 근래에는 반려동물로 기르는 추세이다. 페럿은 야생성으로 육식동물이다. 항문분비샘이 있어 자신을 보호하거나 영역을 표시할 때 냄새를 풍긴다. 반려동물용 페럿은 대부분 항문분비샘을 수술적으로 제거한 후 기른다.

중성화 수술을 하지 않은 수컷 페럿은 매우 사나워 반려동물로 키우기 어렵다. 또 암컷은 발정기에 교미를 시키지 않으면, 발정이 계속되어 발정호르몬의 수치가 증가하기 때문에 2차적으로 골수에 독성이 생겨 죽게 되므로, 애완용으로 기르려면 중성화수술을 해야 한다. 국내에 수입되어 판매되는 페럿은 일반적으로 중성화 수술이 실시된 상태에서 수입된다.

그림 1-7 페럿의 모습

출처: http://ggoristory.com/bbs/board.php?bo_table=news&wr_id=2431

8. 기니피그

기니피그는 손바닥 위에 올려놓을 수 있을 정도로 작고 귀여운 반려동물이다. 하지만 다른 반려동물처럼 기니피그 또한 취약한 특정 질병이 있다. 기니피그는 건강에 이상이 생길 경우 운동이나 식욕, 기타 신체 기능에 영향을 받는다. 귀엽고 푹신한 기니피그는 호흡기 질환이나 설사 등에 취약하다. 햄스터와 흡사한 외모의 설치류인 기니피그는 자그마한 체구와 귀여운 외모를 갖춰 반려동물로 인기가 급부상하고 있다.

기니피그와 영장류는 스스로 비타민C를 생산할 수 없다. 따라서 비타민C를 음식으로 반드시 섭취해야 한다. 기니피그는 스스로 비타민C를 생산하지 못해, 비타민C가 결핍되면 괴혈병에 걸릴 수 있다. 기니피그에게 적정한 하루당 비타민C 용량은 약 10~50mg가량으로, 사료 외에 별도로 보충해 주는 것이 바람직하다.

1) 기니피그의 예방약

기니피그는 스스로 비타민C를 생산할 수 없으므로 매달 알약이나 액체 형태로 주는 것이 좋다. 단물에 담으면 효능이 떨어질 수 있다. 물에서 빠르게 분해되어 효능을 잃기 때문이다. 기니피그는 비타민C 투여가 가장 중요한 예방약이다.

Chapter

02 미생물학 개론

1. 세균

세균이란 육안으로는 보이지 않는 미생물로서 현미경으로 관찰할 수 있는 단세포성 생물이다. 세포의 지름은 작은 것이 0.1㎛, 큰 것이 5㎛이고, 세포의 길이는 작은 것이 0.2㎛, 큰 것이 80㎛나 된다. 세포의 모양에는 공 모양을 한 구균, 막대 모양을 한 간균, 나선 모양을 한 나선균과 긴 관 또는 도깨비 방망이 모양의 돌출 부속기관을 가지고 있는 균이 각각 있다.

구균은 종의 특성에 따라 세포가 배열하는 모양이 다르다. 즉 2개의 세포가 붙어 있는 쌍구균, 4개가 연결된 4련 구균, 8개가 입방체 모양으로 연결된 8련 구균, 여러 개의 세포가 염주 모양으로 연결된 연쇄상구균과 포도송이처럼 뭉쳐진 포도상구균 등이 있다. 간균의 경우, 세포들이 길게 연결된 균사 모양을 한 것이 있다.

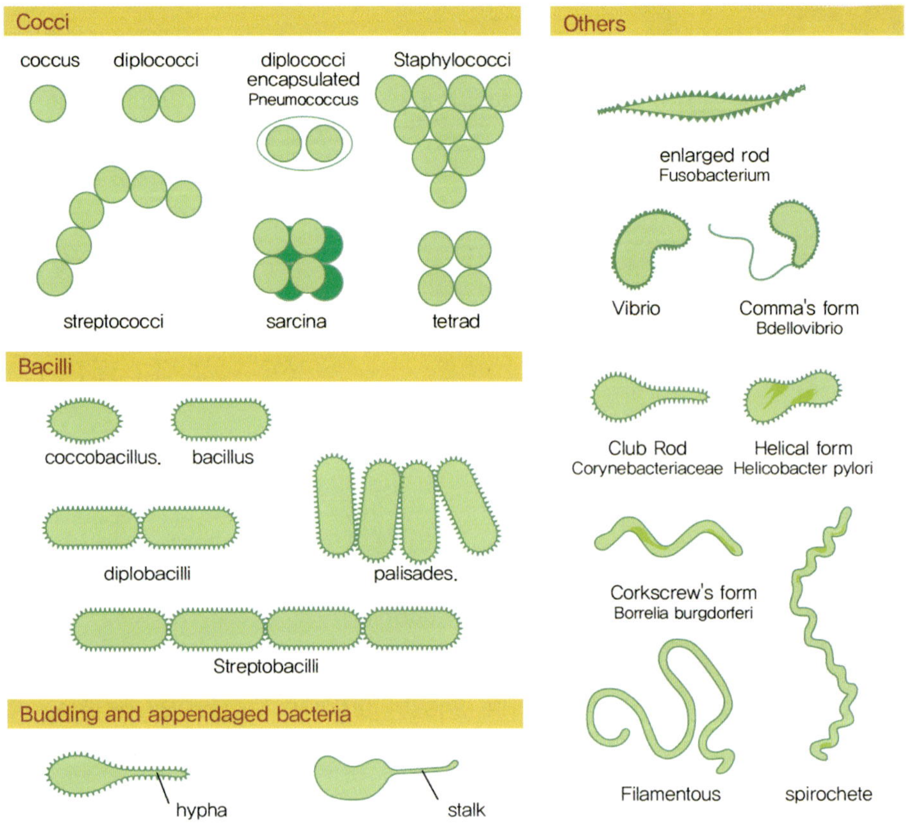

그림 2-1 **세균의 모양**

출처: https://biostudy.tistory.com/31

세균 세포는 핵 물질을 가지고 있으며 DNA, 세포질, 세포막, 세포벽으로 되어 있고, 이외에 점액층 또는 피막(capsule)도 있다. 핵 물질과 세포질 사이에 핵막이 없어 핵과 세포질이 구별되지 않아 세균 세포를 무핵 세포라고도 한다. 세포질에는 유핵 세포에서 관찰되는 소포체, 골지체, 미토콘드리아, 엽록체, 액포 등의 세포기관이 없는 것이 특징이고, 대신 리보솜, 메소솜과 영양물질이 저장된 과립체 또는 봉입체 등이 있다.

세균의 종에 따라 한 극에 1개의 편모를 가진 단모균, 한 극에 여러 개의 편모를 가진 총모균, 양극에 편모가 나 있는 양모균, 세포의 둘레에 나 있는 주모균이 각각 있다. 세균 가운데는 열, 건조 또는 방사선 등의 극한 환경을 견딜 수 있는 내생포자를 만드는 것도 있다. 이러한 세포를 원핵세포라고 하고 이런 세포로 된 생물을 원핵생물(procaryote) 또는 세균(bacteria)이라고 한다.

세균은 다양한 대사기능을 가지고 있어 지구상에 존재하는 생물체 내외 및 자연환경의 모든 곳에 존재하며, 물질대사 속도가 빠르기 때문에 증식속도도 빨라서 지구상에 존재하는 막대한 양의 물질을 변환하는 특성을 가진 생물이다.

세균은 다양한 물질을 분해하고 생산하는 생리적 특성을 지니고 있어 우리에게 이익을 주는 것도 있고 해를 주는 것도 있다.

질병학에서 다루는 세균은 해를 주는 세균을 위주로 한다. 세균은 가정하수, 쓰레기, 공장 폐수나 폐기물, 농산 폐기물 등을 분해하여 자연을 정화할 뿐만 아니라 자연의 물질 순환을 일으켜 생물이 이들을 재이용할 수 있게 함으로써 인류에게 무한한 이익을 주고 있다. 최근에는 분자생물학의 발달로 세균의 효소를 이용한 유전자 조작기법이 개발됨에 따라 생리활성 물질인 인슐린, 성장호르몬과 같은 물질이 생산되고 있고, 미생물 산업에서의 신공정 개발 및 인류 질병의 예방·진단·치료뿐만 아니라 노화 방지에 관여하는 물질들을 생산하려는 연구가 활발하게 진행되고 있다.

유해세균으로 음식물이나 피복류를 변패시키는 부패세균과 사람이나 동식물에 기생하거나 독소를 생산하여 질병을 일으키는 병원세균이 있다. 잘 알려진 부패세균으로는 바실루스, 클로스트리디움, 슈도모나스(pseudomonas), 장내세균군 등이 있다. 세균이 사람을 비롯한 동식물에 병을 일으키는 것은 세균이 숙주에 해를 끼치는 독소(toxin)를 생산하거나, 숙주조직에서 증식하는 능력이나 호흡기, 위장관, 비뇨생식기 등의 피부나 점막 같은 표면에서 증식할 수 있는 능력을 가지고 있기 때문이다. 사람의 병원세균의 독소에는 단백질성 물질인 외독소(exotoxin)와 지질 다당류 성분인 내독소(endotoxin)로 분류된다.

외독소는 비정상적으로 장관세포를 자극하여 설사나 식중독증을 일으키는 장독소(enterotoxin)와 응혈을 형성하게 하는 응고효소(coagulase)나 백혈구 사멸소

(leukocidin), 용혈소(hemolysin), 단백질 가수분해효소(protease) 등과 같은 효소로 숙주세포를 죽이는 세포독소(cytotoxin) 및 신경의 정상적인 자극 전달을 방해하는 신경독소(neurotoxin)로 구분된다.

내독소는 외독소와는 달리 대장균·살모넬라·콜레라 등과 같은 그람음성균의 세포벽 외막 구성성분인 지질 다당류이며, 이것은 숙주의 발열·쇼크·설사, 때로는 내출혈이나 유산 등을 일으킨다.

1) 결핵균

① 병원체

그람 양성(Gram positive)의 항산성 세균 특성을 갖는 가늘고 긴 간균

- *Mycobacterium tuberculosis*: 인 결핵균
- *Mycobacterium bovis*: 우 결핵균
- *Mycobacterium avium*: 조 결핵균

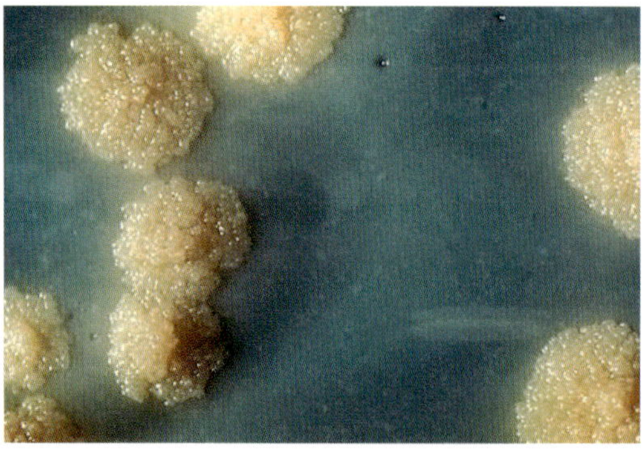

그림 2-2 결핵균

출처: https://ko.wikipedia.org/wiki/%EA%B2%B0%ED%95%B5%EA%B7%A0

② 저항성

- 아포를 형성하지 않으며 일광에 강하다.
- 건조된 객담 속의 결핵균은 일광에 126일, 부패된 폐 점액 속에 6주간, 장 내용물에 오염된 비료 속에 178일, 산패된 우유 속에 15일간 생존한다.
- 열에 가장 약하여 저온살균 시 사멸된다.

③ 감염동물

- 우 결핵균: 소, 돼지, 개, 산양, 고양이, 말, 카나리아, 앵무새, 원숭이
- 인 결핵균: 원숭이, 돼지, 개, 소, 앵무새
- 조 결핵균: 가금, 돼지, 밍크, 동물원의 야조, 소, 양, 사슴

④ 결핵(tuberculosis)의 예방

- 개, 고양이, 원숭이 등 반려동물의 정기적인 검사
- 인형균 감염에 대한 예방을 위하여 BCG(Bacillus Calmetta & Guerin)로 예방접종과 생활환경을 개선시킨다. 객담이나 배설물은 5% phenol, 20% cresol에 12시간 이상 혼합하여 소독하여야 한다. BCG는 결핵에 대한 항체를 형성하며, 우 결핵균을 230회 계대배양 시 병원성이 약화되고 항원성이 증가된다.

2) 파스튜렐라균

① 병원체

파스튜렐라 멀토시다(*Pasteurella multocida*)로서 Gram 음성의 소간균이고 운동성이 없다. 협막을 형성하고 극염색성이다. 15종의 혈청형이 있다. 저항성이 극히 약하며, 인공배지에서도 잘 죽는다.

② 감염동물

- 동물: 돼지(돈역), 개, 소(우역), 고양이, 쥐, 양(양역), 말, 토끼, 조류(cholera라 함)
- 사람: 주로 고양이, 개의 교상에 의하며, 창상 부위에 직접 접촉에 의해 감염되기도 한다.

③ 파스튜렐라증(pasteurellosis) 증상

- 동물: 소, 물소에서 출혈성 패혈증, 닭의 가금콜레라를 일으키고, 동물의 구강에 있다가 수공으로 저항력이 약화될 때 폐담 등 호흡기 질환을 일으킨다. 개와 고양이는 보통 무증상으로 구강, 상부 기도에 보균(90%)하고 있으며, 기회감염(opportunistic infection)을 한다. 특히 돼지는 pneumonic pasteurellosis를 일으킨다.
- 사람: 개 또는 고양이에 물린 후 수시간이 지나면, 창상 국소에 발적, 종창, 두통이 있으며, 대부분 국소감염으로 봉와직염 또는 골막의 괴사나 골수염을 일으킨다. 때로는 임파절염, 오한, 불면증, 두통 등의 전신 증상을 일으킨다.

3) 보렐리아균

*Borrelia burgdorferi*는 경 진드기(hard tick)에서 처음 발견된 이래 사람의 라임병(Lyme disease)의 원인체이기도 하며, 미국에서는 개에서 많이 나타나는 병이다. 이 병은 코네티컷주의 라임시에서 1975년 처음 발견되었다. 하얀 꼬리 사슴과 하얀 발의 쥐가 주로 감염원이지만 가축들과 새들도 병균을 옮길 수가 있다. 라임병은 주로 5월부터 6월 사이에 발생하며, 주로 7월에 절정을 이룬다.

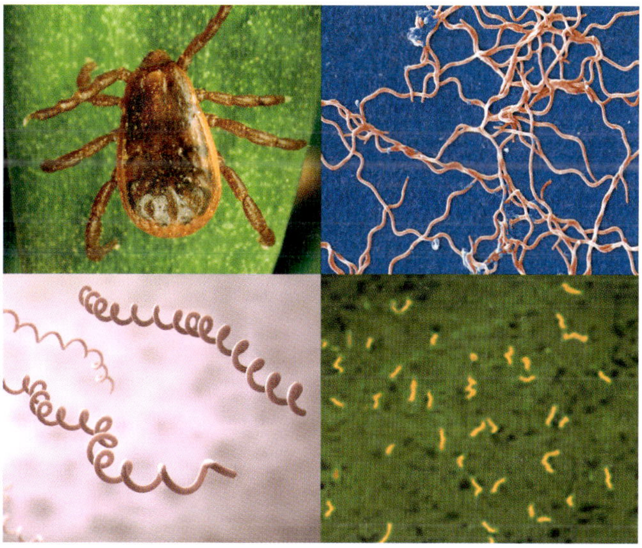

그림 2-3 진드기와 보렐리아균

출처: https://star8353.tistory.com/entry/%EB%9D%BC%EC%9E%84%EB%B3%91-%EC%A6%9D%EC%83%81-%EC%A7%84%EB%93%9C%EA%B8%B0-%EB%AC%BC%EB%A6%B0%EC%9E%90%EA%B5%AD

4) 살모넬라균

각종 동물이 보균하고 있으며, 식품이나 환경에 널리 분포하고 있으며, 오염식품에 의하여 급성위장염을 일으킨다. 식품위생상 중요한 질병이다.

① 병원체

Gram 음성의 간균으로 주위에 flagella를 갖고 있어 운동성이 있다. 3,000여 종의 혈청형이다. 사람에만 병원성이 있는 *S. typhi, paratyphi* A 및 C, *sendai*를 제외하면 대부분의 혈청형은 인수공통감염병 병원체이다. 저항성: 저온살균에 사멸, 소독제(phenol, alcohol)에 약하다.

- 사람에만 병원성이 있는 균: *S. typhi, S. paratyphi*(A,C), *S. sendai*
- 인수공통감염병 병원체: *S. typhimurium*(국내에서 가장 흔함), *S. enteritis, S. cholerae suis*

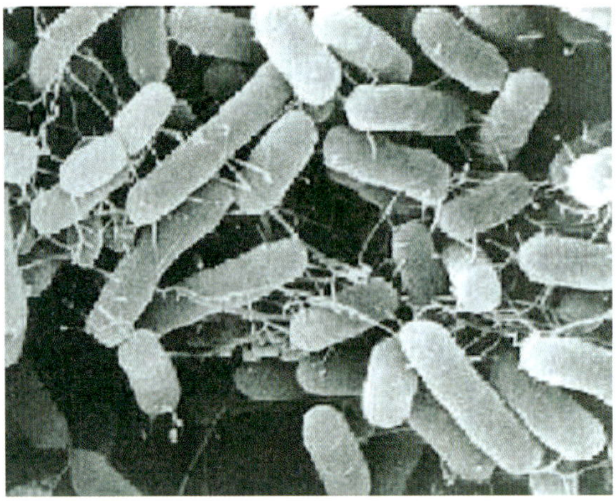

그림 2-4 살모넬라균

출처: https://www.hokeniryo.metro.tokyo.lg.jp/shokuhin/kore/micro/sarumone.html

② 감염동물

- 소, 돼지, 닭 등 가축, 개 등의 애완동물, 거북 등의 파충류, 야생 조수류, 쥐의 보균율이 높다.

③ 감염 양식

- 사람, 동물: 경구감염

④ 증상

[동물]

- 어린 동물은 설사를 동반하는 전신증상으로 폐사
- 어릴수록 이환율과 치사율이 높음
- 성숙 동물은 발병이 드물고 대부분 불현성 감염
- 보균동물에서 균은 대부분 소장하부에서 대장상부의 점막에 정착해 장기간에 걸쳐 균을 변중에 배균

⑤ 진단

- 대변이나 구토물에서 분리 동정

⑥ 예방

- 돼지, 닭 등 식용동물의 검사, 도태
- 개, 거북 등의 애완동물에 대한 대책
- 쥐, 곤충 등을 대상으로 한 환경위생정화
- 식품 및 사료의 오염검사
- 식육, 말 등 동물성 식품의 충분한 가열

2. 바이러스

바이러스는 단백질 코팅으로 둘러싸여 있는 핵산(DNA 또는 RNA)으로 구성되어 있다. 바이러스는 자신의 증식을 위해 살아 있는 세포를 필요로 한다. 바이러스성 감염은 무증상으로부터 중증 질환까지 다양한 증상을 야기할 수 있다. 동물은 바이러스를 삼키거나 흡입하거나, 곤충에 물리거나, 접촉을 통하거나, 선천적

으로 태아에게 전파됨으로써 바이러스에 감염될 수 있다. 가장 흔한 바이러스 감염은 코, 인후, 상기도 또는 신경계, 위장관계, 생식기계와 같은 계통을 침범함으로써 일어난다.

항바이러스제는 바이러스 복제를 방해하거나 바이러스성 감염에 대한 면역체계를 강화시킨다. 바이러스는 곰팡이나 박테리아보다도 훨씬 작고 번식(복제)하기 위해 살아 있는 세포에 침투해야 하는 미생물이다. 바이러스는 세포(숙주 세포라고 함)에 달라붙어, 세포에 침투하고 바이러스 자신의 DNA 또는 RNA를 세포 안에 방출한다. 바이러스 DNA 또는 RNA는 바이러스를 복제하는 데 필요한 정보를 담고 있는 유전 물질이며, 바이러스 유전 물질은 숙주 세포를 제어하고 바이러스를 복제하게 만든다. 바이러스는 감염 세포가 정상 기능을 하지 못하도록 방해하기 때문에 일반적으로 감염 세포는 죽게 되며, 감염된 숙주 세포가 사멸할 때, 다른 세포를 감염시키는 새로운 바이러스를 배출하게 된다.

바이러스는 복제를 위해 DNA를 사용하는지 또는 RNA를 사용하는지에 따라 DNA 바이러스 또는 RNA 바이러스로 분류된다.

일부 바이러스들은 감염 세포들을 죽이지 않지만, 대신에 감염 세포의 기능을 변경시킨다. 때때로 감염 세포는 정상적인 세포 분열에 대한 통제력을 잃고 암세포가 되기도 한다.

바이러스성 인수공통감염병의 전염은 다음과 같이 4가지로 구분된다. 첫째, 직접접촉에 의한 전염(교상에 의한 전염: 광견병, 피부 또는 점막의 접촉에 의한 전염: 양의 전염성 농창), 둘째, 섭취에 의한 전염(구강오염물 또는 분변오염물 섭취로 전파: 전염성 간염), 셋째, 호흡기 전염(돼지 인플루엔자), 그리고 마지막으로 절족동물에 의한 전염(뇌염, 출혈열, 다발성 관절염 및 피진)으로 구분된다.

1) 조류인플루엔자(avian influenza, AI) 바이러스

조류인플루엔자는 닭, 칠면조, 오리, 야생조류 등 여러 종류의 조류에 감염되며, 전파가 빠르고 병원성에 따라 고병원성, 저병원성, 비병원성으로 구분된다. 고병원성은 가축전염병 예방법상 제1종 가축전염병으로 정하고 있으며, 세계동물보건기구(WOAH, 과거 명칭 OIE)에서도 List A 질병으로 분류하고 있다.

① 원인체

조류인플루엔자 바이러스로서 혈청형은 H형(15종)과 N형(9종)으로 구분되고 H_5N_2, H_9N_2 등으로 표기한다. 바이러스의 생존력은 -4℃ 온도에서 분변 내에서는 최소 35일간, 계사 오염 먼지에서는 2주간 생존, 오염된 물에서는 22℃에서 4일간, 0℃에서 30일간 생존, 오염된 가금육에서는 70℃ 30분, 75℃ 5분, 80℃ 1분간 열처리 시 사멸한다.

② 잠복기

일반적으로 수 시간에서 2~3일이다. OIE에서는 최장 잠복기를 21일로 규정한다.

③ 전파경로

오염된 물, 사료, 분변 등으로 전파된다.

④ 임상증상

- 닭: 일반적으로 사료 섭취 감소, 벼슬의 청색증, 머리와 안면의 부종, 80% 이상 급격한 폐사, 산란율 저하 등을 나타냄
- 오리: 알을 생산하는 종오리는 급격한 산란율 저하, 경미한 폐사가 나타남. 육용오리는 거의 증상을 나타내지 않으나, 새끼오리는 일부 폐사
- 개와 고양이 및 포유동물: 감염된 닭이나 조류를 날것으로 섭취 시 감염된 사례가 있음

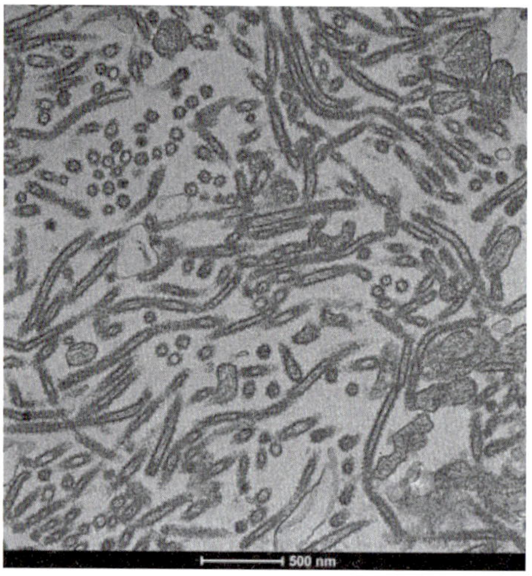

그림 2-5 고병원성 조류인플루엔자 바이러스 전자현미경 사진

출처: https://m.dongascience.com/news.php?idx=28427

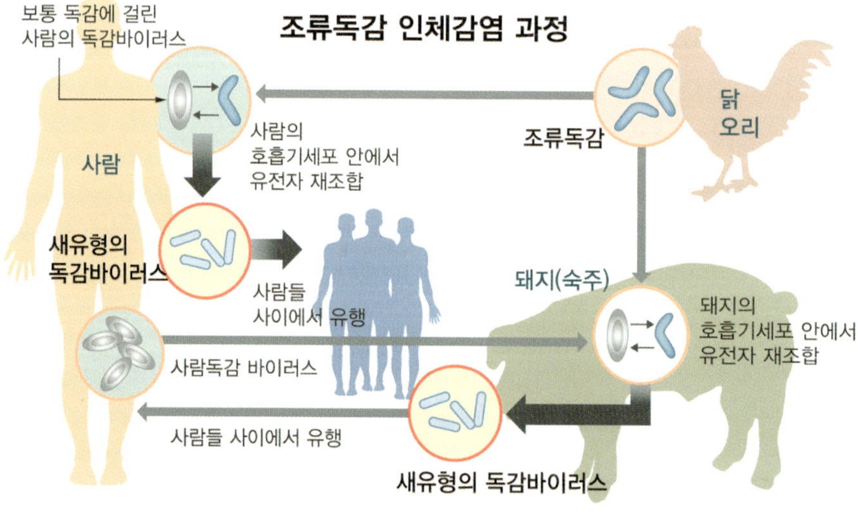

그림 2-6 조류인플루엔자 바이러스 전파

출처: http://m.pharm21.com/news/articleView.html?idxno=92232

⑤ 방역대책

고병원성 조류인플루엔자(HPAI) 방역을 위한 전략으로는 조기신고에 의하여 발생농장의 감염 동물 살처분 등 신속한 오염원 제거, 발생지역을 중심으로 한 오염, 위험지역, 경계지역의 설정(zoning) 및 오염요인에 대한 강력한 이동통제, 오염 대상물건 및 농장에 대한 집중적인 소독 실시와 함께 감염축을 신속히 검색하기 위한 능동예찰(active surveillance) 등 신속하고 강력한 초동방역을 시행하기 위한 방역정책 등을 핵심개념으로 들 수 있다. 초동방역이 실패하여 HPAI가 전국적으로 확산 또는 만연되거나 방역체계가 허술하여 살처분 정책만으로 확산을 막을 수 없을 경우, 또는 홍콩과 같이 지속적으로 특정 지역에서 HPAI가 전파되어 오는 것과 같은 경우에 예방접종을 살처분 박멸정책과 병행하여 실시하는 것도 효과적인 대안이 될 수 있으며, 예방접종을 시행하고 있는 국가는 모두가 위의 범주에 속하는 국가이다.

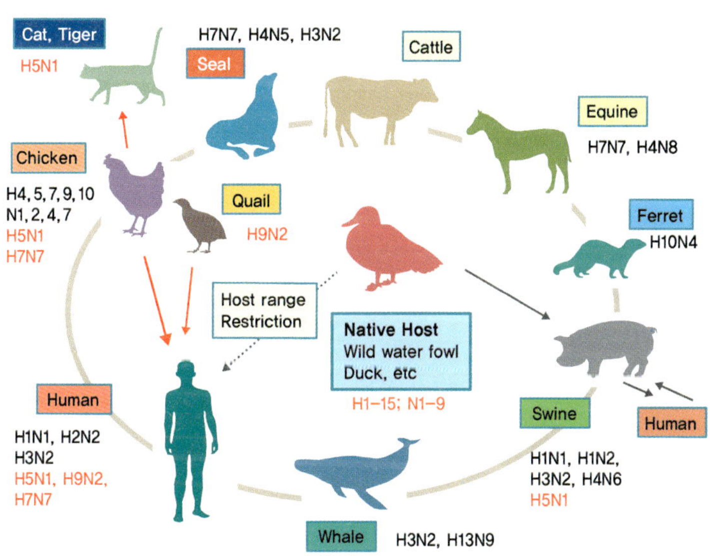

그림 2-7 고병원성 조류인플루엔자에 감수성 있는 숙주 동물의 범위

출처: https://www.semanticscholar.org/paper/Sialobiology-of-influenza%3A-molecular-mechanism-of-Suzuki/4bdb9bbce 24fcc2dba5a37a65f5e33052119e4be/figure/0

3. 곰팡이

곰팡이는 포자로 번식하며, 다른 유기물을 분해하여 영양을 섭취하고 가는 실 모양의 균사를 지닌 하등 균류이다. 곰팡이류는 현미경적 크기를 하고 있으나, 고등한 종류 가운데는 버섯류와 같이 자실체가 발달하여 육안으로도 식별이 가능한 것이 있다. 하등한 곰팡이는 주로 무성포자에 의하여 번식을 하는데, 육상생활을 하는 고등한 곰팡이류는 분생자나 분절자가 무성포자로서의 구실을 한다.

유성포자도 여러 가지 모양의 포자주머니나 자낭 또는 담자기를 지니는 자실체에서 생성되며, 둥근 모양에서 타원형 등을 하고 있다. 곰팡이는 많은 종류가 수중에 적절히 적응되었기 때문에 수중생활이나 습도가 많은 곳에서 잘 생육한다. 주로 유기물을 분해하여 에너지원으로 하기 때문에, 흙 속에서도 잘 자라고 종류에 따라서는 각종 생물의 몸에 기생하여 병원균으로서의 구실도 하므로, 생태계의 균형 유지에도 이바지한다.

1) 크립토코쿠스

토양에서 흔히 존재하는 곰팡이류로 흡입감염이 된다. 정상인의 경우는 자연치유되기도 하나 폐에 위치해 있다가 면역억제(에이즈, 스테로이드제 투여, 암 치료 등) 시 전신으로 퍼지며, 특히 뇌에 침입하여 뇌수막염을 일으키고 신경증상을 나타낸다. 즉, 에이즈 환자의 생명을 위협하는 가장 대표적인 곰팡이 중의 하나이다.

① 병원체

Cryptococcus neoformans

② 동물감염

- 점감염동물 및 분포: 말, 소, 개, 고양이, 돼지의 피부, 소화관, 그리고 비

둘기의 분변 속에서 많이 분리되며, 주 증상으로는 소는 만성 육아성유방염, 말은 폐에 점액종양병소(myxomatous lesion), 코, 입술의 육아종성병변, 개는 폐의 육아종, 수막뇌염, 고양이는 뇌막염, 폐의 육아성염증, 안검의 궤양이 특징적이다.

③ 인체감염

감염경로는 기도를 통한 흡입감염과 주 증상은 기회감염(opportunistic infection)이 특징이다. 장기별 병소율은 중추신경계 질환이 50%, 폐와 중추신경에 동시 발병되는 것이 15%, 기타 전신성이 35%, 임파절 종창이 18%의 순으로서 뇌형이 가장 많다.

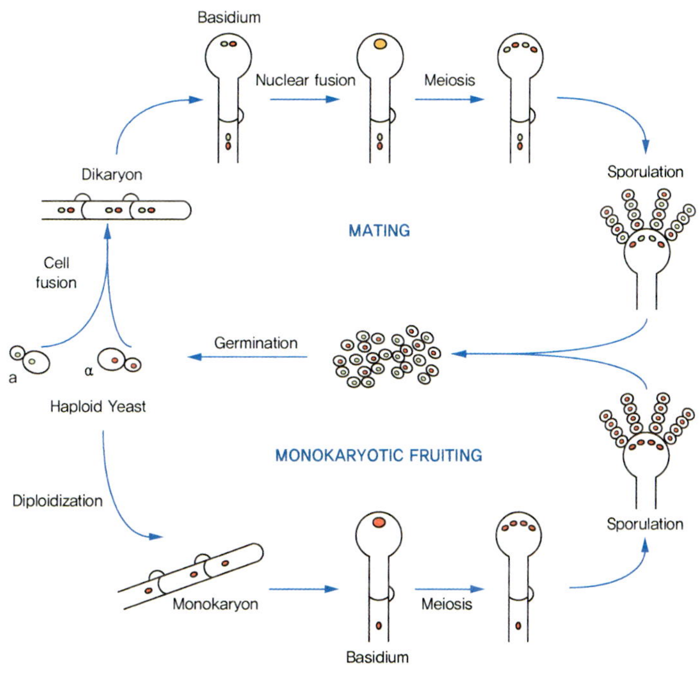

그림 2-8 크립토코쿠스의 생활사

출처: https://www.researchgate.net/figure/Schematic-life-cycle-of-Cryptococcus-neoformans-Nutrient-limitation-can-lead-to-mating_fig2_279499392

4. 기생충

기생충은 증식과 생활에 필요한 영양분을 얻기 위하여 다른 생물에 붙어사는 벌레이다. 대부분의 벌레는 질병을 감염시킬 수 있는 능력을 갖기 전 환경 내에서 알이나 유충을 통해 번식하여 발달한다. 이와 같은 환경 발달의 경우 다른 동물들(중간 숙주)이 개입될 수도 있다. 벌레에는 갈고리충과 같은 회충, 조충 및 흡충과 같은 편충이 있다.

기생충들은 대개 입이나 피부를 통해 신체에 침투한다. 대부분의 기생충 감염을 치료하는 데 약물을 사용할 수 있다. 대부분의 기생충 감염은 열대 및 아열대 지역에서 보다 일반적이며, 장 기생충은 종종 위생이 부적절한 지역과 관련이 있다.

내부 기생충이란 내장, 혈관 내에 기생하며 영양을 빼앗아 가는 기생충으로 동물이 이유 없이 기운 없어 하거나, 설사나 구토를 한다면 내부 기생충을 의심할 수 있다. 회충은 위, 소장에 기생하는 기생충으로, 직접 기생충 알을 섭취했거나 어미의 태반이나 젖을 통해서 감염되는 종류의 기생충이다. 회충은 개에게 가장 많이 나타나는 내장 기생충이다. 구충(십이지장충)은 소장에서 기생하는 종류로, 심할 경우 사망에까지 이를 수 있는 기생충이다. 심한 복통과 혈변을 일으키기 때문에 위험하다. 배설물 속의 알이 부화하면 코와 입, 피부, 모공 등을 통해 감염될 수 있다.

편충은 맹장 부근에서 기생하고, 설사나 영양실조, 빈혈을 일으키는 기생충이다. 편충의 경우에는 다수가 기생하면 복통을 일으키고, 설사와 혈변을 일으켜 탈수증상을 나타낸다. 조충은 벼룩이 매개가 되어 감염되는 종류로, 항문 쪽에 기생하기 때문에 엉덩이를 땅에 문지르거나 핥는 행동을 보이게 된다. 영양 불량 상태로 이어질 수 있기 때문에 잘 씻기고, 청결한 상태를 유지할 수 있도록 신경 써야 한다. 심장사상충은 모기가 매개가 되어 감염되는 종류로, 혈관을 통해 심장과 폐동맥에 기생한다. 호흡계와 순환계 등 신체 전반에 치명적인 장애를 준다. 반면 외부 기생충의 경우에는 피부나 귀에 기생하는 기생충으로, 진드기, 벼룩 등이 있다.

Chapter 03 심혈관계 질환

척추동물의 심장은 심방(atrium)과 심실(ventricle)로 구성되어 있으며, 정맥굴(sinus venosus)이 심방에 연결되어 있고 동맥원뿔(conus arteriosus)이 심실과 등쪽 대동맥을 연결하고 있다.

심장은 주기적인 수축에 의하여 혈액을 몸 전체로 보내는 순환 계통의 중심적인 근육 기관이며, 내보내진 혈액은 폐로 이산화탄소와 같은 대사 폐물을 운반하면서, 산소와 영양분을 몸에 공급한다. 심장은 관상동맥이라는 두 개의 작은 동맥들에 의해 영양분을 공급 받으며 내막, 중막, 외막으로 이루어져 있다.

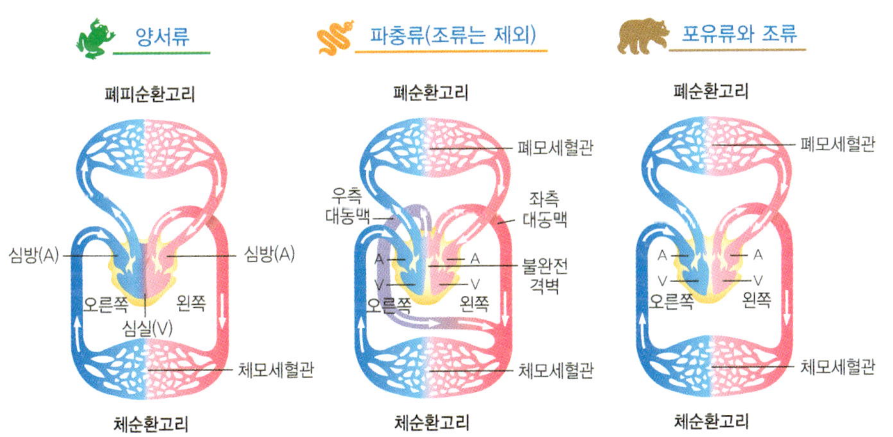

그림 3-1 척추동물의 순환계

출처: https://nate9389.tistory.com/83

포유류의 심장은 네 개의 부분으로 나뉘는데 좌심방과 우심방, 그리고 좌심실과 우심실 등으로서 2심방 2심실로 구성되어 있다. 첫 번째 방은 우심방과 우심실로, 온몸에서 온 혈액은 상하 대정맥에 의해 우심방으로 돌아가며, 심실과의 경계인 방실판을 통해서 우심실로 들어간다. 여기에서 밀려나오면 폐동맥을 통해서 폐로 보내진다. 우심실과 폐동맥의 경계에는 폐동맥판이 있다. 두 번째 방은 좌심방과 좌심실이다. 폐에서 나온 혈액이 4개의 폐정맥에서 좌심방으로 돌아오면 심실과의 경계인 방실판(2첨판)을 통해서 좌심실로 들어가고, 여기에서 밀려나오면 대동맥으로 유출되어 온몸으로 보내진다. 좌심실과 대동맥과의 경계에는 대동맥판이 있다. 이 두 개의 방은 심방과 심방, 심실과 심실이 인접해 있고, 좌우를 구획하는 막을 각각 심방 중격, 심실 중격이라 한다. 심방 중격은 비교적 엷은 막으로, 태생기에 아래위에서 뻗어 나와 중앙부에 구멍이 남는데, 출생 후 1년 정도 되면 폐쇄된다. 심실 중격은 근육으로 된 두꺼운 벽으로, 태생기에 심첨에서 뻗어 나와 위쪽에 근육이 없는 곳에 약간 남을 뿐으로 좌우가 완전히 분리된다. 이 분리가 제대로 형성되지 않고 좌우 심실 사이에 연락 구멍이 남는 상태가 심실 중격 결손이다.

심실 중격 결손증(ventricular septal defect, VSD)은 좌심실과 우심실 사이의 중간 벽(중격)에 구멍(결손)이 있는 질환이고, 심방 중격 결손증(atrial septal defect, ASD)은 우심방과 좌심방 사이의 벽(심방 중격)의 결손(구멍)을 통해서 혈류가 새는 선천성 심장기형이다.

심방과 심실 벽은 심장에 독특한 근육(심근)으로 되어 있다. 완성된 심장의 심방은 약 절반 정도가 원래의 심방(심근 벽을 가진 심방)이고, 나머지 부분은 원래는 정맥관이었던 것이 심방에 받아들여진 것이다. 그래서 이 부분은 벽이 엷다. 심실벽은 모두 심근으로 되어 있는데, 좌심실 벽은 우심실 벽보다 3~4배로 심장 구조 중 가장 두껍다. 이것은 우심실은 혈액이 폐에만 도달할 정도의 힘으로 밀어내면 되지만 좌심실은 온몸에 혈액이 전달되도록 강한 힘으로 밀어내야 하기 때문이다. 심실 내면에는 심근이 불규칙하게 융기해 있는데, 이를 육주라고 한다. 그 중 몇 개는 특히 잘 발달하여 손가락 모양으로 돌출해 있으며, 이를 유두근이라

한다. 유두근 끝에는 이첨판이나 삼첨판의 끝부분이 뻗어 나온 건삭이 붙어 있다. 심방이나 심실 내면은 심내막이라 하며, 한 겹의 얇은 막으로 덮여 있다.

■ **심장을 구성하는 부위들**

- 대동맥(Aorta): 심장의 좌심실에서 온몸으로 혈액을 보내는 혈관
- 대정맥(Vena cava): 전신에서 모인 혈액을 심장의 우심방으로 보내주는 혈관
- 심방(Atrium): 심장에서 정맥과 연결되어 있는 부분
- 심실(Ventricle): 심장에서 동맥과 연결되어 있는 부분
- 반월판(Semilunar valves): 우심실과 폐동맥 및 좌심실과 대동맥 사이
- 삼첨판(Tricuspid): 우심방과 우심실 사이
- 이첨판(Bicuspid): 좌심방과 좌심실 사이
- 심근(Myocardium): 심장벽의 중층(심근층)을 이루고 있는 두꺼운 근육
- 정맥(Vein): 몸의 각 부분에서 혈액을 모아 심장으로 보내는 혈관
- 동맥(Artery): 심장 박동에 의해 밀려나온 혈액을 온몸으로 보내는 혈관
- 심장막(Pericardium): 심장을 싸고 있는 이중의 낭상막

■ **심장 이상에 따른 질병**

- 심정지: 죽음의 원인
- 심근경색증: 관상동맥에 의한 심근으로의 산소의 수요·공급이 불균형하여 산소부족 상태가 지속된 결과, 심근세포에 비가역성 변화가 일어나서 심근의 수축기능이 장애를 받는 질환
- 동맥경화증: 동맥벽에 비후나 조직의 변성이 일어나서 경화하는 질환
- 고혈압 또는 저혈압: 심장 또는 혈관계의 기능 부전 등으로 정상혈압 범위를 벗어난 상태
- 이첨판 폐쇄부전증: 이첨판막의 이상으로 인한 혈액역류. 이첨판 폐쇄부전증은 이첨판의 점액변성이 원인이기 때문에 근본적인 해결을 위해서는

판막을 재건하는 수술적 교정이 필요

- 부정맥: 평소에 비해 심장박동수가 빠르거나 느리게 뛰는 현상
- 선천성 심장 질환: 동맥관 개존증, 폐동맥 협착증 등
- 후천적 심장 질환: 퇴행성 판막 질환, 심근 질환, 심장 종양 등
- 심장 이상: 심장사상충의 감염으로 인한 심장 이상 현상

1. 개

1) 저혈당증(hypoglycemia)

만성 소모성 질환에 걸린 경우 또는 영양 결핍의 경우에 섭취한 당에 비해 배설되는 당의 증가로 저혈당증을 보이게 된다. 저혈당증을 보이는 개체는 활동할 수 있는 에너지원의 고갈로 운동실조와 심한 경우 혼수상태로 발견된다. 응급으로 동물병원에 이송하여 포도당 주사를 정맥 내로 투여하여 혈당을 높여주어야 한다. 이후 계속적인 영양 관리가 필요하다.

어린 연령의 강아지는 비축된 당이 체내에 적어 사료를 한두 끼 거르는 경우에 저혈당증에 빠지기 쉽다. 식욕이 적은 말티즈, 요크셔테리어, 치와와 등의 소형견종의 어린 강아지 사육에는 각별한 주의가 요구된다.

2) 심장사상충(heartworm)

심장사상충(heartworm, dirofilaria immitis)은 현재 가장 광범위하게 퍼져 있는 기생충으로, 사람에게는 중간 숙주인 모기를 통해 전염된다. 사람의 사상충증은 유충이 죽어 폐 내에 전색을 형성하는 것으로 알려져 있는데 이러한 경우는 드물

게 발생되며 대개 무증상이다. 그러나 폐전색이 형성되면 방사선 사진에서 결절로 나타나며 정확한 진단을 위해서는 외과적으로 생체검사와 조직학적인 평가를 받아야 하는 문제를 일으킨다. 사람의 사상충증 예방은 개의 심장사상충을 줄여나가는 것이므로 모든 심장사상충을 치료하는 것이 바람직하다. 또한 심장사상충의 예방은 사람의 사상충증 발현율을 현격히 줄일 것이다.

① 원인충

심장사상충(dirofilaria immitis)은 온대 지방의 개의 우심실과 폐동맥에 기생하는 사상충(絲狀蟲)으로 길이는 암컷 25~30cm, 수컷 12~16cm이다.

② 생활사(life cycle)

암수 성충의 교미에 의하여 산출(産出)된 마이크로필라리아(microfilaria)는 비감염기 마이크로필라리아로서 감염견의 혈액 속에서 2년간 생존하게 되며 모기의 흡혈에 의하여 모기체내(말피기관)로 이동한 후 2회의 탈피과정을 거쳐 감염기 자충(제3기)으로 성장하게 되며 이 감염기 자충이 모기의 흡혈로 다시 개의 피부에 침투하여 피하 조직에서 67~80일간 생존하면서 2회 탈피과정을 거쳐 제5기 유충으로 변한다. 제5기 유충은 정맥벽을 통하여 천공 → 혈관 → 폐동맥 정착 단계를 거치게 된다. 체내의 암컷 성충은 약 7년간 생존하면서 마이크로필라리아를 산출하여 지속적인 전염원이 된다.

③ 증상

3가지 유형의 증상을 보이는데 다수의 성충이 일시에 죽어서 폐동맥을 막아 생기는 증상으로서 호흡곤란, 운동기피, 발작성 실신, 객혈 등의 증상이 관찰되며 말기에는 복수, 하복부의 피하부종, 흉수 등을 볼 수 있는 유형의 폐성심증과 돌발적인 쇠약, 식욕감퇴, 혈색소뇨증, 호흡곤란, 복수 등의 증상을 보인 후 수일 이내에 폐사하는 간기능부전증후군증이 있고 기침 객혈, 숨을 거푸 쉬는 소리를 내는 알레르기성 증상으로 구분된다. 폐성심증과 간기능부전증후군증은 청진 시 심내 잡음, 제2심음 분열음이 있다.

④ 예방

중간 매개체인 모기의 활동기 동안 감염이 우려될 시에는 매월 1회씩 심장사상충 구충제 이보멕틴 제제를 투여한다.

⑤ 태반감염

감염견의 혈액 속에 있는 마이크로필라리아는 태반을 통하여 이행이 되나 비감염기에 해당되어 발병하지 않으나 출생 후 모기의 흡혈에 의하여 감염을 받을 수 있다.

⑥ 치료 방법

의심되는 증상을 보이는 경우는 동물병원에 내원하여 치료를 받도록 한다.

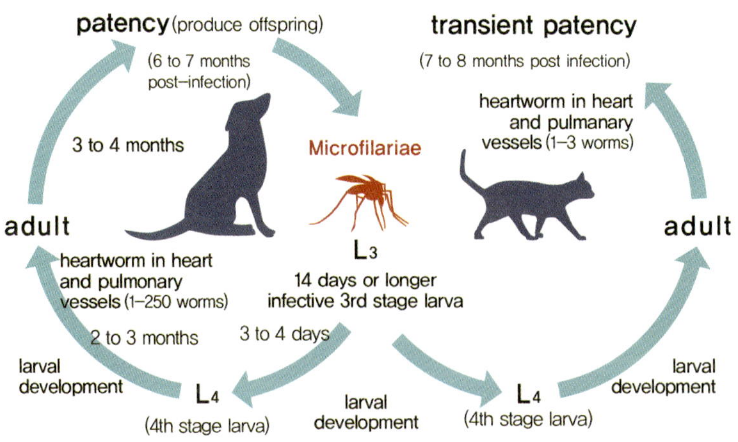

그림 3-2 심장사상충 생활사

출처: https://m.blog.naver.com/bodadeum/221136893982

3) 이첨판 폐쇄부전증

이첨판 폐쇄부전증은 가장 흔한 개의 심장병이다. 심장 좌측 심방과 심실 사이의 판막에 이상이 생겨 혈액이 정상적으로 흐르지 못하고 역류가 일어나면서 발생한다. 심장에서 역류가 심하게 일어나면 폐정맥압이 증가해 폐수종까지 발생하게 된다.

이첨판 폐쇄부전증은 킹 찰스 스패니얼(King Charles Spaniel)에게는 유전적인 질환이며 주로 푸들, 포메라니안, 요크셔테리어, 말티즈 등 소형견종에게 발생한다.

① 증상

밤과 새벽 또는 운동 후 마르고 거친 기침과 과호흡을 하며 실신한다. 혀가 파랗게 되는 증상인 청색증이 나타난다. 개구호흡 또한 이첨판 폐쇄부전증의 주 증상이다.

② 진단

첫째, 청진에 의한 진단으로 심박수와 심장잡음 유무를 확인한다. 심장잡음 정도에 따라 심장상태를 평가한다. 둘째, 방사선촬영인데 방사선진단은 심장진단에 중요한 지표이다. 옆으로 누운 자세와 등을 대고 누운 자세로 촬영한다. 등을 대고 누운 자세에서는 폐수종유무, 심장변형, 혈관의 확장 등을 확인해 질환의 정도를 평가한다. 셋째, 혈압측정이며 혈압도 심장 질환을 진단하는 중요한 요소이다.

네 번째 방법은 심장초음파와 심전도검사이다. 심장초음파로 심장벽의 두께를 측정하고 심장판막변성유무, 혈액역류유무, 폐동맥압 등을 확인할 수 있다. 마지막 방법은 전반적인 혈액검사이며 혈구검사, 생화학검사 등을 들 수 있다.

③ 치료

이첨판 폐쇄부전증은 미국수의내과협의회(ACVIM)의 기준에 따라 A, B, C, D 단계로 분류한다. B2단계부터 약을 처방하기 시작한다. C단계부터는 심부전이 올 수 있는 단계이므로 더 많은 종류의 약물을 투여한다. C단계부터는 보호자가 약을 더 잘 투여해야 하고 음식은 저염식이나 심장병 환자를 위한 처방식을 먹여야 한다. 심장약에 이뇨제가 들어가므로 물을 충분히 먹을 수 있도록 해준다. 또한 반려견이 스트레스를 받지 않도록 해주고 심장 질환에 관련된 영양제를 급여해서 심장 이외 장기들의 기능 저하를 막아줘야 한다.

④ 예방

체중조절, 적당한 운동, 간식 제한 및 식이조절, 정기적인 치아관리를 꾸준히 해줌으로써 심장 질환의 발생률을 낮출 수 있으며 발병 시기를 늦출 수도 있다. 움직임이 적은 반려견에게 지나친 간식은 독이 될 수 있다. 반려견에게 알맞은 사료와 현재 건강상태에 맞는 보조제(비타민, 오메가 등)를 먹여서 건강하고 활력 있는 삶을 살 수 있도록 해준다. 반려견은 말을 못 한다. 그래서 노화로 발생할 수 있는 질환을 예방해 삶의 질을 높여줘야 하는 것 또한 보호자의 의무이고 책임이다.

4) 림프종(lymphoma)

암은 사람에게나 반려동물에게나 장수를 방해하는 질병이다. 개에게 가장 흔하게 발생하는 암은 '림프종'이다. 림프종은 백혈구의 일종인 림프구가 지나치게 증식해 생겨난 혈액종양이다. 림프구는 몸 전체에 존재하기 때문에 림프종 발병 시 비정상적인 림프구가 온몸으로 퍼지게 된다. 림프종은 몸 어디서든 발병할 수 있으며 그만큼 다양한 증상을 나타낸다.

① 증상

림프종의 초기증상이자 대표적인 증상은 단단하게 부은 통증 없는 림프절이다. 림프절이 부어오르는 이유는 대부분 림프종에 의해서다. 체표림프절(턱밑, 가슴, 겨드랑이, 사타구니, 오금)이 부어오르는 경우가 많다. 림프종을 의심해야 한다. 림프절이 부어오르는 것뿐 아니라 림프종 위치에 따라 다양한 증상이 나타나는데 종괴, 탈모, 고열, 무기력, 식욕부진, 구토, 설사 등이 있다.

② 원인

림프종의 원인은 박테리아 감염이나 유전적 요인 등 다양한 요인이 있을 것으로 추정된다. 그 중 골든리트리버, 코커스패니엘, 불독 등의 품종에서 자주 나타나는데 림프종에 걸리는 유전적인 요인이 있을 것으로 추정된다.

림프종은 다른 암보다도 예후가 좋은 편이다. 반려동물의 항암치료는 완치가 목적이 아니라 증상완화와 생명연장이 목표다.

③ 치료

강아지의 남은 삶의 질 향상이 목표이기 때문에 부작용을 최소화한다. 일단 치료가 시작되면 모든 증상이 일시적으로 사라진다. 항암치료를 받을 시 기대할 수 있는 예후는 평균 1년이다. 하지만 치료받지 않거나 항암치료에 반응하지 않는 경우 기대수명은 더욱 짧아진다.

림프종은 시간을 지체할수록 온몸으로 퍼져 기대수명이 빠르게 줄어든다. 림프종의 항암치료는 예후가 좋아 항암치료를 통해 기대수명을 대폭 늘릴 수 있어 림프종을 앓는 강아지들에게 권장된다. 림프종은 원인이 명확하지 않은 만큼 예방할 방법도 현재는 없다.

④ 호스피스와 치료

동물병원에서 보호자와 하는 상담 중 가장 긴 시간이 필요한 경우는 항암치료에 대한 상담이다. 항암치료는 효과가 있더라도 암이 완치되는 것이 아니라 재발할 때가 많아 보호자가 고민하는 경우가 많다. 반려견에게 생기는 종양에는 많은 종류가 있는데 항암치료를 논하는 대표적인 종양은 바로 림프종이다.

림프종이란 면역을 담당하는 혈액세포의 하나인 림프구가 악성으로 과다 증식하며 생기는 종양을 말하고, 림프계는 전신적으로 연결돼 있기 때문에 하나의 장기에만 생기는 것이 아니라 온몸에서 발생한다.

림프종에 걸린 반려견의 보호자는 대부분 항암치료를 할 것인가 호스피스를 할 것인가를 두고 고민하기 마련이다.

림프종 치료를 하지 않을 경우 반려견이 매우 힘들어하는 것에 대하여 아무것도 하지 못하고 바라만 봐야 한다. 처음에는 단순히 온몸에 혹만 있었지만 이 혹들이 굉장히 커지면서 밥을 먹는 것도, 숨 쉬는 것도 힘들어진다. 몇 주 후에는 자리에서 일어나는 것도 굉장히 힘들게 된다.

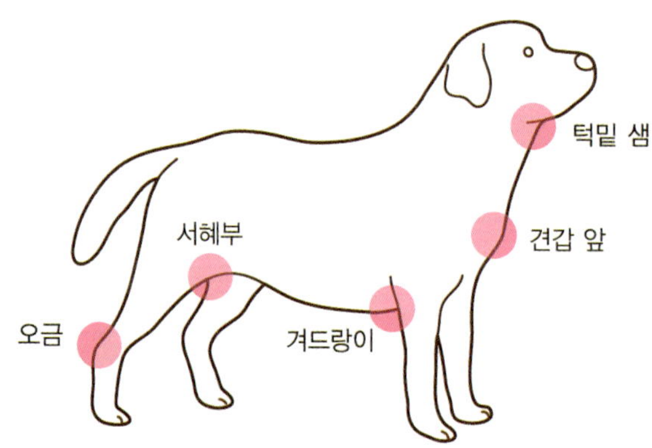

그림 3-3 개의 림프절의 위치

출처: https://www.imprimedicine.com/korea/kr/dog-lymphoma-101

5) 개의 악성 림프종(malignant lymphoma)

악성 림프종은 '혈액암'으로 분류되는 전신성 암이다. 치사율은 매우 높으며 현재 불치병으로 여겨지고 있다. 개의 림프종세포(암으로 변한 림프구 : 백혈구의 일종)는 한 장소에 머무르지 않고 증식하며 개의 몸 안에 퍼지는데 전이라기보다는 처음부터 확산하는 성질을 가진 암이다. 악성 림프종은 진행과 함께 체력을 빼앗고 폐에 침범하며, 때로는 덩어리를 만들어서 장 폐색을 일으켜서 개의 생명을 빼앗아 가는데 진행 속도는 빠른 편이다.

견종과 나이에 상관없이 발병할 가능성이 있지만, 고령견에게서 많으며 특히 골든리트리버에게서 많이 발생한다. 악성 림프종 치료법은 거의 확립되어 있어서 대체로 매뉴얼화되어 있다.

① 개의 악성 림프종 증상

■ 초기증상

개가 악성 림프종을 앓더라도 초기에는 눈에 띄는 상태변화는 없다. 다만 체표 근처의 림프절에서 림프종세포가 증식하여 부어오르기 때문에 피부에 응어리가 나타난다.

목과 다리 아래쪽의 림프절이 부어오르는 경우가 자주 있다. 딱딱한 응어리가 만져진다. 평소의 스킨십을 통해 딱딱한 응어리를 알아차린 경우도 있다. 하지만 초기단계에서 악성 림프종을 발견하는 것은 어렵다. 정기검진 및 다른 병을 진찰하는 도중에 이상을 느끼고 실시한 검사를 통해 치료 도중 발견되는 경우가 대부분이고, 미용을 하는 도중에 알게 되는 경우도 있다.

※ 림프절이 부어오르는 증상이 반드시 악성 림프종은 아니다. 세균 및 바이러스 감염증에 의해 부어오를 수도 있다. 오히려 악성 림프종 이외의 병일 경우가 많다.

■ **진행 시의 증상**

암세포의 수가 많아지면 개는 점점 건강을 잃게 되고, 식욕이 저하되어 체중이 줄어들게 되며 식사를 해도 체중감소가 멈추지 않는다. 점차 근육까지 줄어들어 겉보기에도 말라보이게 된다.

악성 림프종이 진행되어 폐에 전이되는 경우도 있다. 림프종의 폐전이가 진행되면 기침을 하거나 호흡이 거칠어지는데 흉수가 생기게 되어 호흡이 더욱 힘들어져서 괴로워한다.

장 주변에 림프종 세포가 덩어리를 만들어서 장이 눌리는 '장 폐색'이 발생하는 경우가 있는데 이 때문에 음식물이 지나갈 수 없게 되어 토하게 되는 경우가 있다.

비장이 붓게 되는 경우도 자주 있으며 너무 커져서 비장이 파열되어 대출혈을 일으키게 된다. 비장파열이 일어난다면 한시라도 빠른 처치가 필요하다.

② 개의 악성 림프종 검사

■ **치료 시작까지의 대략적인 검사 과정**

우선 문진(증상 청취)이 있으며 촉진 및 혈액검사, 초음파, 엑스레이로 그 원인을 파악한다. 구토를 한다면 위장검사를, 호흡이 거칠다면 폐의 상황을 검사한다. 붓기 쉬운 비장도 관찰해야 하는데 화상검사로 가능하다.

확정 진단으로는 먼저 부어 있는 장소에서 세포를 채취하거나 수술로 조직을 채취한 이후에 그곳에 암세포가 포함되어 있는지 여부를 통해 최종 결정한다. 앞서 언급한 검사에서 아무리 의심스러워도 나쁜 세포가 어디에서도 발견되지 않는다면 악성 림프종이라고 확정 진단을 할 수 없다. 림프종이 확정되지 않는다면 항암제 치료는 시작할 수 없다.

발견한 림프종 세포를 조사하여 고분화형인지 저분화형인지를 판별하게 되는데 고분화형 림프종은 진행이 느리지만 항암제로 잘 치유되지 않는다. 반대로 저분화형 림프종은 진행이 빠르지만 항암제로 잘 치료된다.

유전자검사도 실시되는데 이는 치유방침을 세우기 위한 검사이다. B세포성림프종, T세포성림프종을 판별하여 어떤 항암제가 잘 들을지를 예측한다.

■ **림프종 치료 시의 검사**

항암제가 잘 듣고 있는지, 부작용은 어느 정도인지 등을 조사하기 위해 치료 중이라도 검사한다. 무의미한 치료를 포기하거나 환자의 한계를 넘는 치료를 중지하기 위한 검사는 매우 유익하다.

③ 개의 악성 림프종 치료

주요 치료법은 항암제에 의한 약물치료이다. 항암제와 함께 스테로이드제를 복용하는 경우도 있다. 치료가 잘 된다면 관해(寬解) 상태가 될 가능성도 있지만 관해는 일시적이며 대부분 재발한다. 그리고 재발 후 치료는 매우 어렵다.

관해(寬解)란?

관해란 검사에서 암세포가 발견되지 않게 된 상태를 말한다. 몸 상태가 분명하게 개선되어 이전의 건강함을 되찾는다. 마치 다 나은 것 같지만 관해는 '치유'와는 달라서 암세포(림프종세포)는 없어진 것이 아니라 몸의 이곳저곳에 숨어 있다. 따라서 언젠가는 재발이 찾아오는데 빠르면 몇 주 후부터 1년 이내에 재발하는 경우가 많다.

림프종 치료는 우선 어떻게든 관해 상태로 만든 후에, 어떻게든 재발을 막고 관해를 길게 유지하는 것이 목표이다. 즉, 일반적으로 실시되고 있는 악성 림프종 치료는 '치유'가 목적이 아니며 처음부터 '연명'을 목적으로 하고 있다.

개의 악성 림프종은 전신성 혈액암이며, 항암제가 잘 듣는 유형의 암이다. 그러므로 관해 상태로 이끌 가능성이 있는 치료는 화학요법뿐이다. 스테로이드는 항암제가 아니지만 많이 쓰이고 있다.

④ 개의 악성 림프종 치료에 쓰이는 항암제

개의 악성 림프종 치료로 이용되는 항암제는 많은 종류가 있다. 한 종류만을 사용하는 경우도 있으며, 여러 종류의 항암제를 함께 사용하는 경우도 있다.

복수의 항암제를 사용하는 이유는 1개의 항암제를 대량으로 투여하는 경우에 비해 효과가 높거나, 부작용을 분산시키는 장점이 있기 때문이지만 더욱 많은 부작용에 대한 주의가 필요하다.

⑤ 개의 악성 림프종 치료 보강에 쓰이는 간호

환자의 평온한 상태가 면역기능을 향상시킨다는 것과 스트레스가 면역저하를 일으킨다는 것은 과학적으로 밝혀진 사실이다. 스킨십 등으로 애정을 쏟아주는 것이 좋고 손수 만든 식사로 기쁘게 해주면 좋다. 항암제의 반응이 좋아지고 부작용의 괴로움을 없앨 가능성이 있다.

식사요법의 목적은 암의 증식 속도를 저하시키고 체력을 길러서 빈혈 및 알부민 수치 등을 개선시키기 위함이다.

암이 성장하기 위해서는 당질(포도당)이 필요하기 때문에 당질을 가능한 한 제한하는 식사요법이 좋다. 몸에 부담이 없고 부작용 등의 위험성이 없으며 즉시 시작할 수 있다. 한편, 식사요법은 가족 모두의 협력이 없다면 실시할 수 없다.

고기 및 생선, 두부, 낫토 등의 단백질을 충분히 먹이고, 그만큼 탄수화물·지방이 많이 포함되어 있는 음식의 양을 줄여나가야 한다. 식사를 바꾸는 것으로 암이 낫지 않지만, 개의 악성 림프종의 성장에 필수적인 당질을 제한함으로써 진행 속도를 억제하는 것은 가능하다.

2. 고양이

1) 심근병(cardiomyopathy)

① 원인

타우린과 같은 필수 영양소의 부족으로 알려져 있다. 심장은 4개의 방이 있는데 튼튼한 심근으로 이루어져 있어 혈액을 온몸에 퍼지도록 도와주는 펌프와 같은 역할을 하고 있다. 그런데 고양이가 심근증에 걸리면 4개 방(chamber)의 심장벽이 안쪽으로 비대해져 방 공간이 점점 좁아지게 된다. 그 결과 심장에서 전신에 보내는 혈액의 양이 감소하여 순환 장해에 빠지거나, 작은 혈액 덩어리가 작은 혈관을 막아 혈전증이 발생한다.

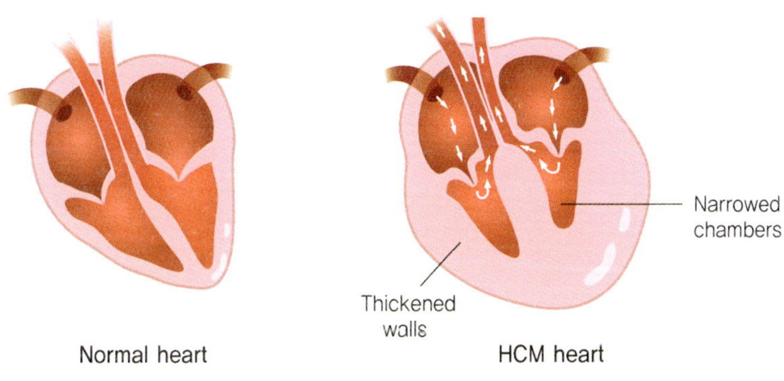

그림 3-4 고양이의 비대성 심근증(hypertrophic cardiomyopathy, HCM)

출처: https://www.pdsa.org.uk/pet-help-and-advice/pet-health-hub/conditions/hcm-hypertrophic-cardiomyopathy-in-cats

② 증상

특징적인 증상은 없지만 가벼운 운동을 해도 기침을 하며 청색증이 관찰되어 혀의 색깔이 보라색으로 나타난다. 진행이 되어 호흡 곤란이 생기면 마치 개처럼 혀를 내밀고 헐떡거린다.

③ 진단과 예방

혈액검사, 심전도, X-ray 촬영으로 정확하게 진단할 수 있다. 예방은 특별한 방법은 없지만 평소의 타우린 부족을 일으키지 않도록 고양이 전용 사료를 주어야 한다.

3. 페럿

1) 심장사상충

모기에 의해 전염되는 심장사상충은 주로 야외에서 생활하는 페럿에서 잘 발생한다. 페럿은 크기가 작기 때문에 1~2마리의 심장사상충 감염으로 심한 증상을 보이거나 사망할 수 있다. 치료보다는 심장사상충 예방이 효과적인 방법이고 경구 예방약은 이버멕틴, 피부에 도포하는 레볼루션, 애드보킷 제품을 정기적으로 사용하여 예방한다.

① 증상

활동량이 저하된다. 심한 증상을 보이거나 사망한다.

② 예방

경구 예방약을 1달에 1번 급여시킨다. 정기적으로 외부 기생충 약을 사용한다.

2) 림프종(lymphoma)

인슐린종과 부신 종양 다음으로 페럿에서 잘 발생하는 종양이다. 어린 경우에는 더 빠른 진행양상을 보이며, 증상으로는 식욕감소, 체중감소, 림프절 종대 등의 소견을 보인다. 전체 백혈구 수에서 60% 이상이 림프구일 경우 림프종으로 진단 가능하다. 항암 치료 및 방사선 치료를 통해 증상의 완화는 가능하지만 완치는 어렵다.

4. 햄스터

1) 심장병

① 증상

호흡이 거칠어지고, 복식 호흡을 하며 잇몸이나 혀가 보라색으로 변색한다. 식욕 부진과 체온의 저하 그리고 기침을 한다.

② 원인

노화에 의한 심장 기능의 저하가 원인이고 고혈압으로 심장에 부담이 간다. 염분 식사나 칼로리가 높은 식사 그리고 비만이 이유가 되며 유전이 되는 경향이 많다.

③ 치료

심장의 부담을 줄이기 위해 강심제나 혈관 확장제, 이뇨제 등의 약으로 치료한다. 발병하면 운동은 소극적으로 하도록 해야 하고 쳇바퀴 등을 케이지로부터 떼어낸다.

5. 기니피그

1) 열사병

① 증상

체온이 빠르게 오르기 시작한다. 침을 흘리면서 하루 종일 누워 있는 증상을 보인다. 기력을 잃어 반응이 없어진다. 탈수증상을 보이면서 혼수상태에 빠진다.

② 예방

17~25℃로 온도를 맞추어 준다. 사육장을 직사광선이 노출되지 않는 곳으로 옮겨 준다. 에어컨을 틀어 온도와 습도를 조절해 준다.

Chapter

04 호흡기계 질환

대표적인 관련 질환들로는 비강 및 인후두 이상, 기도허탈, 기관지천식, 만성 폐색성 폐질환, 폐렴, 폐농양, 폐암 등이 있고, 퍼그와 불독, 시츄 등의 단두종 증후군, 요크셔테리어나 불독, 포메라니안의 기도형성이상, 샴고양이에서의 천식 등 종과 관련된 질환이 있다.

호흡기 질환이 있을 때 나타나는 대표적인 임상증상으로는 기침, 코골이음, 천명음, 호흡곤란, 빈호흡 등이 있다.

코로나19 바이러스로 시작된 호흡기계 감염병의 공포는 일상생활에 큰 변화를 유발했다. 이에 따라 감염성 호흡기 질병에 관한 관심이 자연스레 증가했다. 반려동물에서도 이러한 감염성 호흡기 질병의 발생빈도가 증가하고 있다. 사람과 동일하게 반려동물에서도 감염성 호흡기 질병은 실내에서 집단생활을 하면 잘 전파된다. 이때 원인체는 크게 세균/바이러스/곰팡이 등으로 구분할 수 있다. 그중 가장 위험한 질병은 홍역(distemper)이다. 홍역이 위험한 이유는 중감염의 경우 중추신경계에 감염되면 치사율이 50%가 넘기 때문이다. 그리고 이 상태에서는 안타깝지만 근본적인 치료가 매우 어려운 편이다. 감염성 호흡기 질병 중 가장 흔하게 관찰할 수 있는 질병은 켄넬코프(kennel cough)라고 하는 세균성 기관지염인데 대부분 보데텔라 브론키셉티카(*Bordetella bronchiseptica*)나 미코플라스마(Mycoplasma spp.)가 원인체다. 이러한 감염체는 PCR 검사로 확인할 수 있다. 검사방법은 사람의 코로나19 검사와 동일하게 구강과 비강을 스왑(swab)하여 유전자 검사를 의뢰한다.

■ **호흡기 PCR 검사**

PCR 검사로 감염체가 확인되면 다른 동물과의 접촉을 꼭 차단해야 하며 해당 감염체에 적절한 치료제를 사용해야 한다. 이러한 전염력이 강한 감염체 외에도 포도상구균이나 연쇄상구균 같은 상재균도 호흡기에 감염성 질병을 유발할 수 있다. 이는 사람의 감기를 연상하면 이해가 쉽다. 이러한 감기는 대부분 약 복용과 음수량 증량으로 해결될 때가 많으나 1주일 정도의 약물 처치에도 적절한 반응이 없으면 세균 배양 및 항생제 감수성 검사를 실시해 적절한 항생제를 찾는 것이 좋다.

■ **세균 배양 검사**

상부 호흡기 감염에서 가장 큰 문제는 적절한 시기에 치료를 시작하지 않으면 하부 기관지와 폐에 문제를 유발할 수 있다는 점이다. 이때는 안타깝게도 치료가 매우 어렵다. 폐렴은 체온 상승 및 염증 수치의 증가, 호흡곤란 등의 임상증상이 관찰되면서 흉부 방사선 검사에서 폐의 밀도 항진이 확인돼야 한다.

■ **방사선 검사에서 폐의 변화**

폐렴으로 진단되면 치료는 주로 항생제 사용 및 산소처치를 하면서 경과를 관찰하는 경우가 많다. 처치에 반응이 좋지 않으면 기관지 세척검사 등을 실시해 원인을 확인해야 한다. 하지만 이러한 검사 과정이 호흡곤란을 심화시킬 수 있어 주의가 필요하다.

1. 개

1) 단두종 증후군

① 원인

단두종은 주둥이가 짧은 퍼그, 시츄, 페키니즈 등을 말하는데, 이러한 품종들은 선천적으로 코가 짧아 입천장과 목젖에 해당하는 연구개가 늘어져서 숨길을 막는 증상이 나타날 수 있다. 또한 코가 짧아서 숨쉬기 곤란하여 호흡이 어려운데 이러한 증상들을 총칭해서 단두종 증후군이라고 부른다.

중두종 단누송

그림 4-1 단두종

출처: https://mypetlife.co.kr/125330/

② 증상

숨을 쉴 때마다 연구개가 떨려 소리가 나고, 잘 때는 코 고는 소리가 심하며, 비염과 기관지염 등을 보이기도 한다.

③ 대책

길어진 연구개와 좁아진 콧구멍을 교정하는 수술이 필요하다.

2) 상부 호흡기 질환

① 증상

상부 호흡기는 코, 콧구멍, 인후두, 기관을 말한다. 호흡기 질환은 급성으로 심한 것들이 아니면 일반적으로 상부 호흡기 감염이 먼저 일어나고 그 다음 기관지와 폐로 진행하는 하부 호흡기 질환이 발생한다. 비염은 바이러스나 진균 또는 세균에 의해서 처음에 맑은 콧물과 약간의 재채기를 동반하는 경우가 많은데, 또한 부비강에 염증이 진행되면 코가 붓거나 막혀서 숨쉬기가 곤란하고 때로는 코 안쪽의 점막이 부어서 피가 나오기도 한다. 상부 호흡기 질환의 특징적인 증상은 재채기이다.

② 원인

가장 흔한 것은 바이러스와 세균의 감염이고 드물게 곰팡이가 원인이 되기도 한다. 비강협착 같은 해부학적인 이상은 일부 품종에서 선천적으로 발생하기도 하고, 때에 따라 알레르기가 원인이 되기도 한다.

③ 대책

감염에 의해 발생한 상부 호흡기 질환은 약물 처치로 비교적 쉽게 치료된다. 그러나 선천적인 해부학적 이상이 있는 비강협착이나 단두종 증후군 같은 경우에는 수술적인 교정이 필요하다. 수술은 비교적 까다로운 성형외과 수술에 해당하지만 수술이 성공하면 정상적으로 생활할 수 있다.

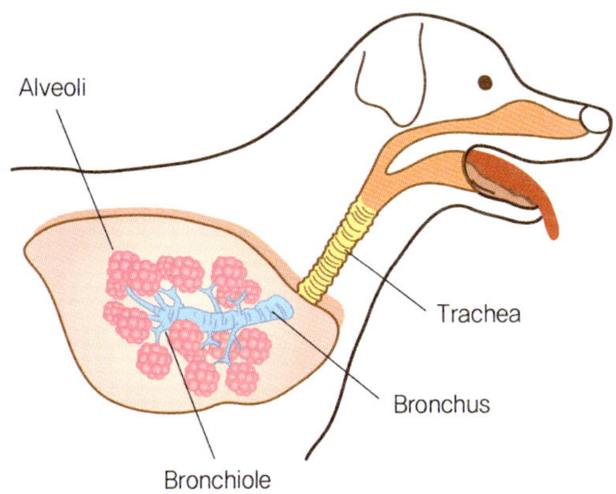

그림 4-2 개의 호흡기

출처: https://www.msdvetmanual.com/dog-owners/lung-and-airway-disorders-of-dogs/introduction-to-lung-and-airway-disorders-of-dogs

3) 비염

비염이란 코의 내부 점막에 염증이 생긴 상태를 말하며 급성과 만성 염증으로 구분된다.

① 원인

직접적인 원인이 되는 외상, 종양, 감염, 기후의 급변, 자극성 가스 등을 원발성 원인이라 하고 홍역이나 알레르기 같은 다른 원인이 제공된 후 발병되는 것을 속발성이라 한다. 주로 전신적인 항병력이 약해져 있을 때 건조하거나 환기가 안 좋으면 비점막에 세균 등의 미생물이 침입하는 것이 일반적인 현상이다.

② 증상

- 급성 비염: 재채기를 동반하며 처음에는 콧구멍에서 맑은 수양성 콧물(nasal discharge)이 흐르다가 곧이어 짙은 흰색 또는 염증색의 농이 흐르게 되며, 비공의 내벽은 비후되고 발적 증상을 나타낸다. 그리고 때때로 결막염이 나타나기도 하는데 이는 눈의 분비물이 코를 통해 흘러 들어가는 통로인 누관(lacrimal duct)이 막히기 때문이다. 체온은 정상보다 다소 높은 39.0~39.5℃를 나타낸다.
- 만성 비염: 한쪽 또는 양쪽 비공에서 비루가 계속 반복되어 흐르는 경우를 만성 비염이라 하며 비루에서 심한 악취가 날 경우에는 치근염(치아의 뿌리 부분에 염증)이나 뼈에 질병이 있는지 확인하여야 한다. 비염이 심할 경우에는 내벽에 궤양(ulcers)이 형성되기도 한다.

③ 예방 및 치료

가장 정확하고 효과적인 치료를 위해서는 비염 전문의에게 정확한 진단을 받는 것이 중요하다. 가벼운 증상일 경우에 가장 먼저 할 수 있는 방법으로는 비강점막의 건조를 방지해 주기 위해 증기(steam)를 자주 쏘이는 것이 중요하다. 멸균된 탈지면으로 분비물을 잘 닦아내고 항생제를 네블라이저(nebulizer)를 이용하여 분무하여야 한다. 대증요법으로는 개의 체력 향상과 항병력 강화를 위해 대사촉진제와 비타민A를 주사해 준다. 항생제를 사용하면 도움이 된다.

4) 하부 호흡기 질병

① 증상

하부 호흡기는 기관지와 폐포를 말하는데, 감염된 질병들은 상부 호흡기를 통해 하부 호흡기로 질병이 진행되어 온다. 따라서 대부분 하부 호흡기 질환은 증상이 오래 가고 치료가 늦게 되는 경우가 많다. 대부분 기침을 하고 열이 나고 식욕이 없는 것이 특징이다.

② 원인

대부분 바이러스, 세균, 진균 등의 감염과 알레르기가 원인이다. 때에 따라 세균과 바이러스나 곰팡이가 혼합적으로 감염되는 경우가 있다.

③ 대책

하부 호흡기 감염증은 치료기간이 오래 걸리는 경우가 많아 꾸준한 치료가 필요하다. 또한 체력을 많이 소모하기 때문에 영양관리에 주의하고, 오랜 기간 항생제를 투여해야 하는 수도 있어 약물검사를 할 경우도 있다.

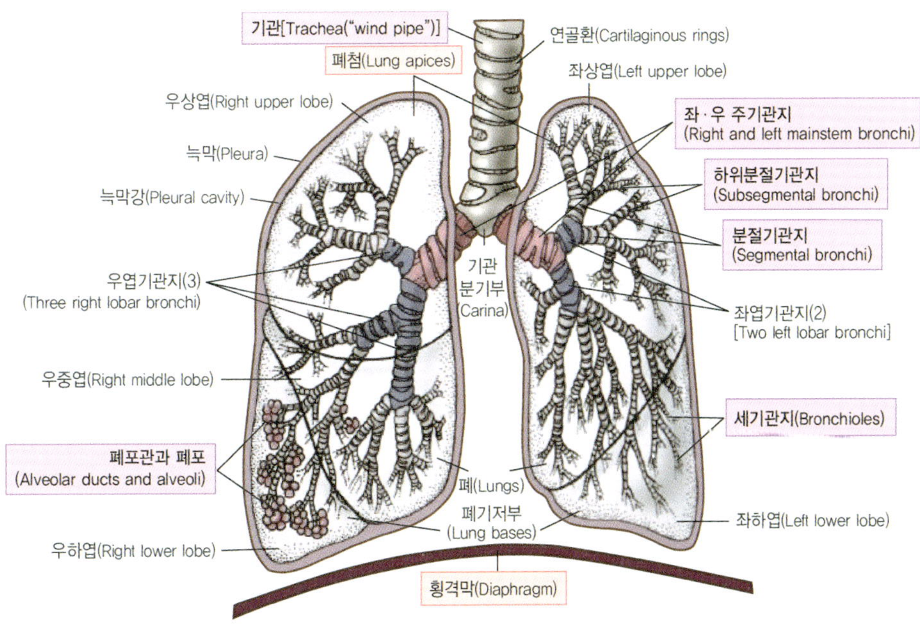

그림 4-3 하부 호흡기의 구조

출처: https://healthrehabilitation.net/187

5) 폐렴(pneumonia)

폐는 체내의 대사산물인 이산화탄소를 체외로 배출시키고 신체의 열, 에너지, 정상 컨디션 등을 위해 필수적인 산소를 혈액으로 공급하여 주는 역할을 하는데 여기에 어떤 기계적인 손상이나 세균의 침입으로 폐렴이 발생하게 된다.

① 원인

손상에 의한 폐렴은 교통사고나 총상 등 가슴 부위의 심한 손상으로 인해 급작스럽게 발생되며, 염증성 폐렴은 폐 조직에 세균이 침입했을 때 일어나며 혹한에 시달리거나 영양실조, 각종 질병 시 개의 저항력이 약해졌을 때 많이 발생한다.

② 증상

호흡이 매우 거칠어지며 점차 들이쉬는 숨은 짧아지고 내쉬는 숨은 길어지면서 호흡 속도가 빨라진다. 그리고 경우에 따라서는 기침을 하지 않는 경우도 있지만 대부분 기침을 하며 콧물이 흐른다. 세균성 폐렴의 경우는 41℃ 이상의 고열을 동반한다.

③ 예방 및 치료

개가 기침을 하거나 콧물이 흐르는 등 가벼운 호흡기 증상을 나타낼 때는 가능한 한 빨리 치료를 실시해서 증상이 악화되는 것을 막아야 하며 폐렴에 걸렸을 경우에는 광범위 항균제로 장기간의 치료를 해야만 치료가 가능하며 영양제를 병용 투여해서 회복을 촉진시켜 주도록 한다.

6) 기관 협착증

기관은 파이프처럼 생긴 물렁뼈로 된 숨길인데, 어떤 경우 이 물렁뼈가 약해져서 파이프 속이 눌리는 경우가 있다. 이것을 기관 협착증이라고 부른다. 늙거나 혹은 유전적인 영향으로 기관 협착증이 발생하는데, 기관이 좁아진 만큼 숨쉬기가 힘들어 심한 기침을 하고 호흡곤란 증세를 보인다. 때에 따라서는 호흡경련 등의 증세에 따라 쇼크로 사망하는 수도 있다.

요크셔테리어 품종에서 잘 걸리는데, 수술로 교정하거나 꾸준한 약물 투여로 치료할 수 있다.

7) 개 홍역(canine distemper): 개과 동물 감염증

개와 늑대, 여우와 코요테 등의 개과 동물과 족제비, 밍크, 페럿 등의 족제비과 동물에 전염성이 강하고 폐사율이 높은 전신 감염증으로서 눈곱, 소화기 증상, 호흡기 증상, 신경 증상 등의 임상증상을 보이며 병이 경과하는데 소수의 사례에서는 발바닥이나 코가 딱딱해지고 균열이 생기는 경우도 있다. 일반적으로 개과와 족제비과의 4~5개월령의 어린 동물 등이 많이 감염되며 임신한 모견이 홍역에 걸리는 경우에는 사산이나 허약한 강아지를 분만하게 된다.

그림 4-4 개 홍역에 걸린 반려견의 누런 콧물

출처: https://royalpanion.com/magazine/?q=YToyOntzOjEyOiJrZXl3b3JkX3R5cGUiO3M6MzoiYWxsIjtzOjQ6InBhZ2UiO2k6Mjt9&bmode=view&idx=8417626&t=board

① 원인

Paramyxovirus속의 개 홍역(distemper) 바이러스가 원인체로서 혈청형은 한 가지이며 눈물이나 콧물을 통한 공기 전파와 접촉 및 경구감염이 가능하다. 이 바이러스는 개과의 개, 여우, 이리, 너구리 및 족제비과의 족제비, 밍크, 스컹크, 페럿 등에 공통적으로 감염된다. 다행히 개 홍역은 사람에 전파되지 않으며 사람의 홍역 원인체와는 다르다.

② 증상

흡입 감염된 개 홍역(distemper) 바이러스는 임파절을 통하여 혈류로 들어가 약 1주일간 증식하면서 바이러스 혈증(viremia)을 일으킨다. 약 50% 정도는 10일 이내에 항체가 형성되면서 2~3일간 가벼운 식욕감퇴, 결막염, 발열 등의 증상을 일으키며 회복되는데 이를 1차 발증이라 한다. 바이러스에 노출된 후 14~18일 정도에 전신적인 증상(발열, 의기소침, 식욕감퇴, 침 흘림)과 호흡기 증상(혈액화농성 안루, 비루, 기침), 소화기 증상(구토, 설사, 체중감소, 탈수증)을 보이며 폐사에 이른다. 간혹 보이는 두부의 경련 및 마비, 껌 씹는 것처럼 치아의 부닥침(chewing), 보행실조, 의식을 잃고 누워서 자전거 페달을 밟듯이 허공에 발을 휘젓는 증상(pedaling) 등의 신경증상은 바이러스가 뇌에 침입한 경우에 나타나는 증상으로서 이러한 증상을 보이는 것은 예후가 좋지 않아 안락사를 시키는 것이 좋다. 이와 같이 개 홍역(distemper) 바이러스는 신경 친화성 바이러스로서 뇌 침투 시 신경 이상 증상이 발생한다는 점이 특이하다. 다른 감염병과 다른 특이 사항으로 홍역은 사람의 간질과 같이 발작하는 신경증상 시기를 제외하고는 식욕이나 다른 활동이 정상적으로 보여 치료 시기를 놓치는 경우가 많이 발생한다.

③ 예방적인 사양관리

개 종합백신 DHPPL 예방접종이 최선의 방법이다. 완전하지는 않지만 유일한 예방법은 소독과 정상적인 예방백신을 사용하는 것뿐이다. 다만 평상시에 항병력을 높게 유지하기 위하여 풍부한 단백질과 비타민, 미네랄 결핍이 없도록 사양관리를 하면 큰 도움이 된다.

④ 개 홍역 감염 시의 대책

동물 몸에 직접 분무가 가능한 소독제 희석액을 견사, 주위 토양, 동물 자체에 1일 1회 이상 충분히 살포하며 면역증강제를 주사한다. 증상에 맞는 진통제, 해열제, 대사촉진제, 소화제, 2차 감염을 예방하는 항균제와 손실된 체액을 보충해 주는 아미노산+전해질 제제 등을 적절하게 사용하면서 에너지원을 지속적으로 보충해 주는 방법을 택하면 좋은 결과를 유도할 수도 있다.

8) 개 감기(canine parainfluenza virus infection): 개과 동물 감염증

개와 늑대, 여우와 코요테 등의 개과 동물과 족제비, 밍크, 페럿 등의 족제비과 동물에 감염되는 개의 감기로서 켄넬코프와 증상이 유사하지만 병원체가 다르다. 개의 감기는 개 파라인플루엔자 바이러스 감염에 의하며 다행히 사람에 감염되지 않는다.

① 원인

개 파라인플루엔자 바이러스 감염이 원인이다. 호흡기 전파로 바이러스가 공기 중에 떠다니며 코로 들어온 바이러스에 의하여 감기가 유발된다. 다행히 이 바이러스는 사람에게 전파되지 않고 사람의 감염 바이러스와는 종류가 다르다. 걸리기 쉬운 환경에 노출되어 있어 개와 주인 모두 감기가 걸린 것뿐이고 병원체는 다르다. 따라서 개에서 사람이 감기가 옮지는 않는다.

그림 4-5 개 감기

출처: https://sohyunny91.tistory.com/32

② 증상

발병되면 열이 나고 눈 점막의 충혈, 콧물, 재채기 등의 증상을 보인다. 정도에 따라 진행되어 폐렴에 이를 수 있다.

③ 예방 및 치료

개 종합백신 DHPPL 예방접종이 최선의 방법이다.

9) 켄넬코프(kennel cough): 개과 동물 감염증

개와 늑대, 여우와 코요테 등의 개과 동물과 족제비, 밍크, 페럿 등의 족제비과 동물에 감염된다. 개 전염성 기관 기관지염(canine infectious tracheobronchitis)은 켄넬코프(kennel cough)와 동일한 질병이다.

그림 4-6 개 켄넬코프(kennel cough)

출처: https://katesk9petcare.com/can-a-dog-die-from-kennel-cough/

① 원인

보데텔라 브론키셉티카(*Bordetella bronchiseptica*) 세균이 관여해서 일어나는 급성 호흡기 질병으로 파라인플루엔자 바이러스의 복합감염이 일어나 증상이 발생하는 것으로 알려져 있다. 번식장(kennel)과 같이 집단 사육하고 환기가 잘 안 되는 불결한 사육환경에서 키우는 개들의 경우에 집단적으로 발생한다.

② 증상

어린 강아지에게서 심한 증상을 나타내며 나이든 개에도 감염이 된다. 수양성 비루와 폭발적인 건성기침이 특징적이며 연속적인 기침 후에 구토가 뒤따른다. 목에 가시가 걸린 것처럼 캑캑거리며 심한 경우에 토하기도 하여 목에 가시가 걸린 것으로 잘못 판단하기도 한다.

초기에는 발열증상이 보이지 않다가 세균의 2차 감염이 이루어지면서 체온이 39~40℃까지 급속히 올라갔다가 정상화되며 세균에 의한 폐렴이 유발되기도 한다.

③ 예방 및 치료

켄넬코프 예방접종이 최선의 방법이다. 의심되는 증상을 보이는 경우는 동물병원에 내원하여 치료를 받도록 한다.

2. 고양이

1) 고양이 바이러스성 호흡기 질환

2개의 바이러스(비기관염 바이러스, 칼리시 바이러스)에 의해 발생하는 경우가 많다.

- 고양이 비기관염(Feline rhinotracheitis): 고양이과 동물의 감염증
  고양이과 동물들에만 감염이 이루어진다. 고양이 허피스 바이러스(feline herpes virus) 감염에 의한다.
- 고양이 칼리시 바이러스(Feline calici virus): 고양이과 동물의 감염증
  고양이과 동물들에만 감염이 이루어진다. 고양이 칼리시 바이러스(feline calici virus) 감염에 의한다.

이것들은 공통된 증상이 많으며, 반드시 구별된다고는 할 수 없다. 재채기, 결막염, 콧물, 기침, 침 흘림, 구내염 등이 나타나며 발열을 하며 식욕이 없어진다. 한번 걸려도 면역이 있는 기간이 짧고, 재감염되는 병이다. 전염력이 강한 병으로 증상이 가라앉아도 바이러스를 장시간 체내에 가지고 있다거나 가벼운 증상으로 감염이 지속되거나 만성 축농증으로 변하는 경우도 있다.

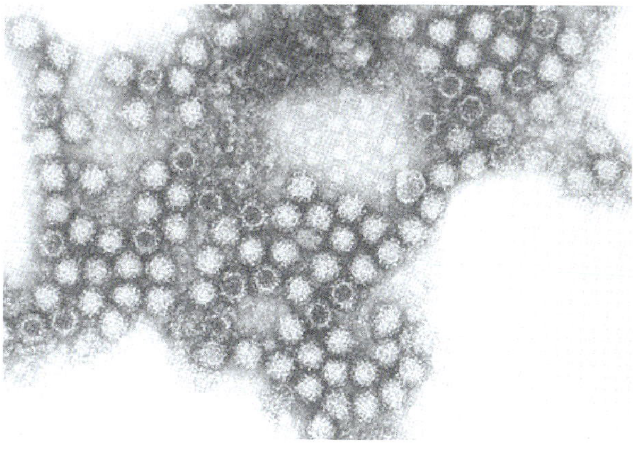

그림 4-7 고양이 칼리시 바이러스(feline calici virus, FCV)

출처: https://ko.wikipedia.org/wiki/%EA%B3%A0%EC%96%91%EC%9D%B4_%EC%B9%BC%EB%A6%AC%EC%8B%9C%EB%B0%94%EC%9D%B4%EB%9F%AC%EC%8A%A4

3. 토끼

1) 스너플스(snuffles)

토끼에서 가장 문제가 되는 호흡기 전염병으로서 호흡기 점막 및 폐의 염증을 일으켜 높은 폐사율을 나타내는 중요한 질병으로 '토끼호흡기질병'이라고도 한다. 스너플스는 계절 요인이 있어 9~10월에 비교적 많이 발생한다. 이들 균이 토끼에 감염되면 주로 만성 경과를 취하나 특히 건강이 불량한 개체에는 폐렴 및 패혈증으로 전환된다. 최근에 이르러 국내에 있어서 사육형태가 집단 및 다두사육 형태로 전환됨에 따라 이들 호흡기 질병의 발생 피해가 증가되고 있어 양토장에 많은 경제적 손실을 주고 있다.

① 원인

원인균은 파스튜렐라 멀토시다(*Pasteurella multocida*)로 그람 음성 세균이다. 대부분 접촉을 통해서 전염되고, 감염되면 회복하더라도 보균동물이 되어 다른 토끼에게 병원균을 전파할 가능성이 있다.

② 임상증상

주요 증상은 재채기, 기침, 콧물이다. 비염 증상으로 점액농양의 콧물이 흐르는 것이 특징이다. 앞발로 흐르는 콧물을 비벼서 앞다리 안쪽 털에는 코가 말라붙어 있고 코 주변도 더러워져 있다. 질병이 진행됨에 따라 식욕결핍, 호흡곤란 증상, 눈물을 흘리거나 눈에서 점액농양의 분비물이 나온다. 귀에 염증을 동반하는 경우에는 중이와 내이의 점막에 충혈 및 염증이 있는데 이 경우에는 목이 삐뚤어지는 사경(斜頸) 증상이 나타날 수 있다. 심하면 폐렴이나 폐 농양을 일으키고 폐사한다.

③ 예방 및 치료

집단으로 사육하는 경우 양토사의 소독, 습기가 많은 사료 급이, 농후사료 비율 유지, 비타민의 공급 등으로 토끼의 저항성을 높이도록 하면서 발병한 토끼와 감염에서 회복된 토끼를 도태하고 토끼장을 철저히 소독 및 청소한다. 가정에서 사육 중인 토끼는 항생제, 수액처치와 보조치료, 진해제를 이용한 네블라이저(nebulizer) 처치를 실시하여 치료한다.

사육장, 바닥재 등을 정기적으로 소독하고 사료를 위생적으로 관리한다. 영양제 공급, 습식 사료 급여 등을 통해 토끼의 면역력을 높여준다. 밀집 사육을 멀리하고 사육환경을 청결하게 유지해 주어야 한다.

※ 토끼에서 파스튜렐라 멀토시다(*Pasteurella multocida*) 세균 감염에 의해 초기 콧물, 재채기 등의 감기와 비슷한 증상을 보이다가 호흡곤란 및 폐렴으로 폐사되는 질병은?
- 스너플스(snuffles)

4. 페럿

1) 홍역(distemper)

페럿의 홍역은 개 홍역(개 디스템퍼, canine distemper; CDV)이며, 페럿에서 가장 위험한 바이러스성 질병으로 이 질병에 걸린 경우에 100% 사망하게 된다. RNA 바이러스인 morbillivirus에 의해 발생되고, 감염된 페럿과의 접촉 또는 비말에 의해 전염된다. 감염 후 7~10일에 40℃ 이상의 고열과 턱 및 서혜부 부위에 발진 증상이 나타난다. 식욕감소, 콧물 및 재채기, 눈곱 등의 증상과 개에서와 비슷하게 발바닥이 딱딱해지는 경화증이 발생한다. 감염 후 12~14일에 대부분 사망하게 되며 치료방법은 없다.

미국에서는 유일하게 허가된 Purevax-D 백신을 사용하여 홍역(distemper)을 예방하고 있다. 기초접종은 생후 8주, 11～12주, 14～16주 3회 접종하고 1년에 1회 추가접종을 한다. Purevax-D 백신의 경우 부작용이 빈번하게 발생하며 접종 후에 30~60분 이내에 과민반응이 나타나는 경우가 있다. 이때 적절한 치료가 이루이지지 않는 경우에는 사망하게 된다.

① 증상

40℃ 이상의 고열과 발진 증상이 나타난다. 식욕 감퇴 및 활동량이 줄어든다. 기침, 콧물 및 눈곱이 증가한다. 발바닥이나 콧등이 딱딱해진다(hard pad disease). 감염 후 12~14일에 대부분 폐사한다.

그림 4-8 페럿 홍역 – 코와 발바닥의 각화증(hard pad disease)

출처: https://www.ferret-world.com/managing-a-canine-distemper-outbreak/

② 예방

개 홍역(distemper) 예방접종을 통해 예방할 수 있다.

개 홍역(개 디스템퍼, canine distemper; CDV)에 대한 페럿 예방 백신

현재 국내에서 페럿 전용 백신은 수입 허가가 되어 있지 않다. 일부에서는 개에서 사용하는 디스템퍼 백신을 접종하는데 이러한 경우 위험할 수 있다. 개 전용 홍역(디스템퍼) 백신은 페럿에서 안전하지 않으며 접종 후에 디스템퍼에 걸려 사망할 수 있는 위험성이 있다.

디스템퍼 생독 백신의 경우 살아 있는 바이러스를 약독화(순화)하여 사용하는데 감수성이 높은 페럿에게 접종되는 경우 체내에서 증식하여 디스템퍼를 일으킬 수 있다. 디스템퍼 재조합 백신(사독 백신)은 바이러스가 죽어 있기 때문에 페럿 체내에서 증식하지는 않지만 충분한 효능이 검증되어 있지 않다.

2) 인플루엔자(influenza)

사람의 인플루엔자 바이러스 A형과 B형이 페럿에 감염되고 인플루엔자 바이러스는 사람과 페럿 사이에 상호 감염이 가능한 인수공통감염병이다. 보호자가 감기에 걸린 경우 동거하는 페럿에 전염되어 함께 걸리는 경우가 많다. 인플루엔자에 감염된 경우 초기에 개 홍역(distemper)과 유사한 증상을 보이지만 증상은 심하지 않다. 수양성 콧물, 기침 및 재채기, 발열 등의 증상이 나타나지만 적절한 치료가 실시되는 경우 사망하는 경우는 거의 없다.

페럿에서 사람으로 전염되는 주요 질병으로는 인플루엔자, 광견병, 백선증(ring worm) 등이 있다.

- 개 홍역(개 디스템퍼)은 페럿에서 치사율이 가장 높은 바이러스 감염병이다.
- 인플루엔자 바이러스는 인수공통감염병으로 페럿과 사람이 상호 감염되어 증상이 나타날 수 있다.

5. 기니피그

1) 호흡기 감염

① 원인

폐렴은 기니피그에게 중대한 영향을 미치는 질병 가운데 하나로, 보르데텔라나 연쇄상구균 등의 다양한 박테리아가 원인으로 작용한다. 특히 박테리아를 보균하고 있는 상태에서도 전혀 증상을 내보이지 않거나 겉으로는 문제가 없어 보일 수 있는데, 박테리아가 '기회 감염성'이기 때문이다. 다시 말해 감염 기회가 높아지면, 취약한 동물을 감염시켜 질병을 유발할 수 있다는 의미다.

박테리아 감염은 과도하게 밀집된 공간에서의 생활이나 임신, 혹은 다른 질병으로 인해 발생할 수 있는데, 특히 어린 새끼일수록 가능성은 더 커진다. 이후엔 오염된 손이나 다른 물체를 통한 접촉 및 직접적인 접촉, 그리고 에어로졸이나 공기 중 입자를 통해 전파된다.

② 증상

기니피그는 기관지 폐렴, 상기도 감염 및 심지어 폐렴에 걸릴 수 있다. 보통 호흡기에 감염되면 재채기를 하거나 사료를 거부하는 등의 반응을 보인다. 이외에도 호흡에 문제가 있는 것처럼 보이거나 눈물 혹은 콧물이 날 수도 있다. 치료는 보통 항생제로 처방되지만, 정도가 심할 경우 입원해야 할 수 있다.

③ 예방

찬 공기에 매우 민감하므로 호흡기 질환을 예방하기 위해, 케이지를 열려 있는 창문이나 문 및 통풍구에서 멀리하는 것이 좋다. 마찬가지로, 특히 다른 반려동물을 만진 경우에는 기니피그를 만지기 전에 항상 손을 씻거나 알코올로 소독하는 것이 권장된다.

6. 햄스터

1) 감기

① 원인

햄스터가 감기에 걸리는 이유는 온도, 세균 및 바이러스 때문이다. 햄스터의 은신처나 케이지 내 청소를 게을리하면, 세균이 증가해 햄스터의 면역력이 낮아지게 된다. 습기가 차서 곰팡이가 생기는 것도 햄스터의 건강에 나쁜 영향을 미친다. 특히 겨울철에 유행하기 쉬운 독감 바이러스(인플루엔자 바이러스)는 햄스터에게 감염될 수 있으므로, 감기에 걸린 주인이라면 주의해야 한다.

② 증상

햄스터가 감기에 걸리면 재채기, 콧물, 발열, 기침, 기운 없음, 눈곱, 염증, 설사, 식욕부진 등의 증상이 나타난다. 코를 자주 만지면서 칙~칙 소리를 자주 내게 된다. 잠을 자다가도 칙~칙, 삑~삑 소리를 내면서 잠을 제대로 못 자고 뒤척이기도 한다.

재채기와 기침이 계속되면 기관지염, 폐렴에 걸릴 수 있으며, 햄스터에게 치명적일 수도 있다.

③ 대처법

햄스터를 따뜻하게 해주고 영양보충을 해주며 휴식을 시켜 주면서 집에서 간병을 해야 한다. 비타민이 풍부한 야채를 먹이면 좋다. 비타민C가 풍부한 브로콜리(송이 부분보다 줄기에 영양가가 더 많다)도 좋고, 비타민B가 풍부한 호박도 좋다. 이 야채를 쪄서 익힌 뒤에 햄스터에게 급여하면 감기를 완화하는 데 도움이 된다. 야채로 안 되면 과일을 줄 수도 있다. 딸기, 사과도 좋고, 바나나, 포도도 좋다. 단 어떤 과일이든지 수분량은 많기 때문에, 과다섭취하면 설사를 일으킬 수 있으므로, 햄스터가 감기에 걸렸더라도 소량만 준다.

Chapter

05 전염성 질환

반려동물은 이제 동물을 넘어 가족이 됐다. 하지만 반려동물은 동물 특성상 감염성 질환을 전파시킬 위험이 있다. 사람과 접촉이 빈번한 반려동물은 사람에게 감염성 질환을 옮길 수 있다. 반려동물에 의한 감염성 질환은 교상(물기), 긁힘, 타액, 분뇨 등에 의해서 사람에게 전파된다. 매년 1회 예방접종과 구충제 복용만으로 대부분의 반려동물에 의한 감염성 질환 위험은 개선된다.

개와 고양이 털에 기생하는 벼룩과 진드기는 집 안 곳곳에 떨어져 사람에게 옮겨진다. 사람에게 옮겨진 벼룩과 진드기는 흡혈을 통해 사람에게 '급성열성전염병'이나 '라임병' 또는 '홍반열'을 유발한다. 급성열성전염병과 라임병은 고열과 발진, 구토 증상을 유발하며, 홍반열의 경우 피부에 붉은 반점까지 생기게 된다. 또 반려동물의 분뇨나 타액을 통해 '개회충'이 신체에 침입할 수 있다. 개회충이 침입하면 장 점막을 뚫고 간과 폐를 비롯한 체내 여러 장기에 염증을 일으키게 된다. 교상은 반려동물 구강 내 세균에 의해 '파상풍'이나 심할 경우 '광견병'까지 발생할 수 있다. 교상이 발생하면 즉시 병원을 찾아 항생제 주사를 맞아야 한다.

■ 벼룩

벼룩은 날개가 없는 곤충으로 개와 고양이의 털이나 카펫 등에서 주로 서식한다. 벼룩은 성충이 되면 뛰어난 점프력을 이용해 동물에 달라붙어 흡혈을 한다.

벼룩은 평균 13cm까지 뛸 수 있는 것으로 알려져 있으나 개벼룩은 평균 30cm까지 뛴다. 특히 개와 고양이의 경우 외부 출입이 자유로울 경우 벼룩 감염이 심하다. 동물의 벼룩은 주위에 개와 고양이가 없으면 사람에게 달려들어 흡혈을 한다. 어린아이는 어른에 비해 상대적으로 바닥에 생활하는 경우가 많아 벼룩에 더 취약하다.

■ 개회충

회충은 과거 우리나라 사람들의 소화기에 기생하는 가장 흔한 기생충이었다. 하지만 생활패턴이 재래식 화장실에서 수세식으로 바뀌고, 거름 형태로 밭에 뿌려지던 분뇨 대신 화학비료로 바뀌고, 강과 바다에는 하수가 하수종말처리를 거치게 되면서, 회충은 점점 모습을 감추게 됐다. 그러나 반려동물에게선 회충 감염률이 아직 높다. 물론 옥외에서 사육하는 개에게서 더욱 흔하다. 특히 놀이터나 운동장의 흙 등이 개회충란에 오염돼 있을 가능성이 높아, 반려동물을 기른다면 정기적으로 구충하는 것이 필요하다. 기생충이 있을 수 있는 놀이터나 운동장 흙을 통한 감염은 막기 어려우므로 어린아이가 밖에서 놀고 난 후에는 반드시 손을 씻도록 한다.

■ 동물 감염성 질환 예방

반려동물에 의한 감염성 질환 예방을 위해선 반려동물에게 예방접종을 시키고 구충제를 먹여야 한다. 개와 고양이의 경우는 혼합예방주사를 매년 1회 접종시켜야 한다. 광견병 예방의 경우 6개월마다 예방주사를 맞혀야 한다. 구충제는 모든 반려동물이 해당되며 3개월에 한 번씩 복용하는 것이 좋다. 이와 함께 반려동물과 입을 맞추는 행동을 피하고, 접촉하고 나면 반드시 손을 씻어야 한다.

1. 개

1) 바이러스 감염증

(1) 개 허피스 바이러스 감염증(canine herpes virus infection): 개과 동물 감염증

개와 늑대, 여우와 코요테 등의 개과 동물과 족제비, 밍크, 페럿 등의 족제비과 동물에 감염된다. 개에서 한 번 감염되면 어린 연령에 치명적인 허피스 바이러스 감염증으로 유사산의 원인이 된다. 다행히 사람에 감염되지 않는다.

① 원인

개 허피스 바이러스(canine herpes virus) 감염에 의하여 발병된다. 개 허피스 바이러스는 감염된 개체에 치유 없이 평생 감염이 유발되며 추운 겨울과 같은 스트레스 상황에 노출된 감염된 개는 체내에서 바이러스 증식이 일어나 체외 배출로 전파가 유발된다. 한국에서는 1992년 겨울 경기도 오산에서 진돗개에서 출산된 한배 새끼가 출생 후 일주일 만에 폐사하여 부검 의뢰된 케이스를 서울대학교 수의학과에서 개 허피스 바이러스 감염증으로 진단하고 바이러스를 국내 최초로 분리하였다.[1)]

② 증상

2주령 이하의 어린 강아지는 개 허피스 바이러스의 전신 감염증으로 전신 장기 출혈과 괴사에 의하여 수포 형성, 고통스런 울부짖음 등의 증상을 보이다가 사망에 이른다. 나이든 개체는 감염 후 특이 증상 없이 평생 감염이 이루어져 전파를 유발하는 감염원이 된다.

---

1) 당시 개 허피스 바이러스 확인을 담당한 김옥진 박사는 현재 원광대학교 교수로 재직

③ 예방

현재 예방접종이 개발되어 있지 않아 감염된 개체와의 접촉 차단이 최선의 예방이다. 또한 추운 겨울에 출산하는 개체들은 따뜻한 보온에 주의하여야 한다.

그림 5-1 개 허피스 바이러스 감염증에 의한 유사산

출처: https://veteriankey.com/canine-herpesvirus-infection-2/

2) 세균성 감염증

(1) 렙토스피라증(leptospirosis): 인수공통감염병

1898년 이래 유럽 등지에서 많이 발생한 질병으로 갑작스런 고열, 오한, 황달 그리고 유산을 일으키는 등의 증상을 보이며, 사람에게도 전파되어 비슷한 증상을 보이는 인수공통감염병으로서 렙토스피라 세균에 감염된 들쥐에 의하여 전파되는 질병이다.

① 원인

Leptospira 세균인 '렙토스피라 케니콜라' 및 '렙토스피라 익테로헤모레지'라는 세균 감염에 의하여 발생되며 주요 감염경로는 렙토스피라 세균에 감염된 쥐의 오줌에 의해 전파되며 이 세균에 감염된 개나 소, 돼지와의 접촉도 원인이 된다. 또한 토양에 오염된 렙토스피라 세균에 노출된 경우에 피부 상처 부위를 통하여 감염이 유발될 수 있다. 특히 주의해야 할 것은 사람에게도 감염되는 인수공통감염병으로 두통, 결막염, 황달, 유산 등을 일으키므로 철저하게 예방을 하여야 한다.

② 증상

개의 경우에는 렙토스피라증의 주요 증상은 출혈형과 황달형으로 나눌 수 있으나 출혈형의 경우 41℃ 이상의 발열과 심한 구토가 있으며 뒷다리의 통증으로 다리를 절뚝거리기도 한다. 병이 진행되면 구강점막에 궤양이 형성되고 출혈성 설사를 일으키면서 저체온이 되어 수일 내에 폐사에 이른다. 황달형의 경우도 비슷한 증상을 보이나 간의 손상에 의해 황달증상을 보이는 것이 특징적이다.

③ 예방 및 치료

개 종합백신 DHPPL 예방접종이 최선의 방법이다. 과거에는 치료가 어려운 병으로 알려졌으나 최근에 와서는 강력한 광범위 항균제가 개발되면서 치료가 용이하게 되었다. 의심되는 증상을 보이는 경우에는 동물병원에 내원하여 치료를 받도록 한다.

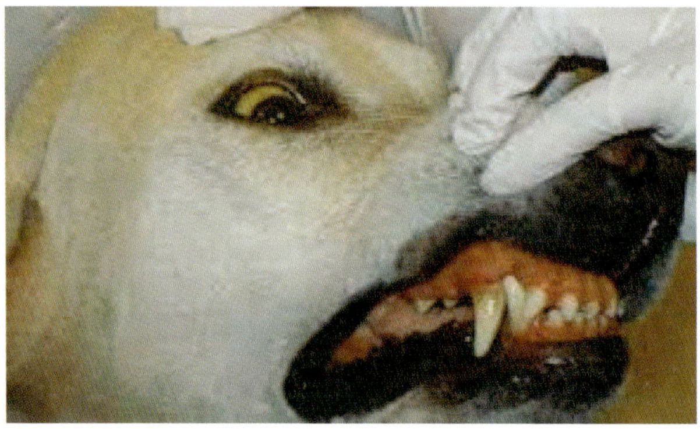

그림 5-2 렙토스피라증(leptospirosis)에 의한 황달
출처: https://www.msdvetmanual.com/generalized-conditions/leptospirosis/leptospirosis-in-dogs

(2) 개 라임병(canine Lyme disease. canine borreliosis): 인수공통감염병

진드기에 의하여 전파되는 질병으로 사람에 감염이 일어나는 인수공통감염병이다. 국내에서 드물게 발생하고 있는 질병으로 미국에서 많이 발생하고 있다.

① 원인체

Borrelia burgdorferi 세균에 의하여 감염이 일어난다. 나선 모양의 스파이로헤트 세균이며 그람 음성의 세균으로 야생 쥐, 다람쥐와 같은 야생 설치류 및 사슴에 존재하는 세균으로 알려져 있다.

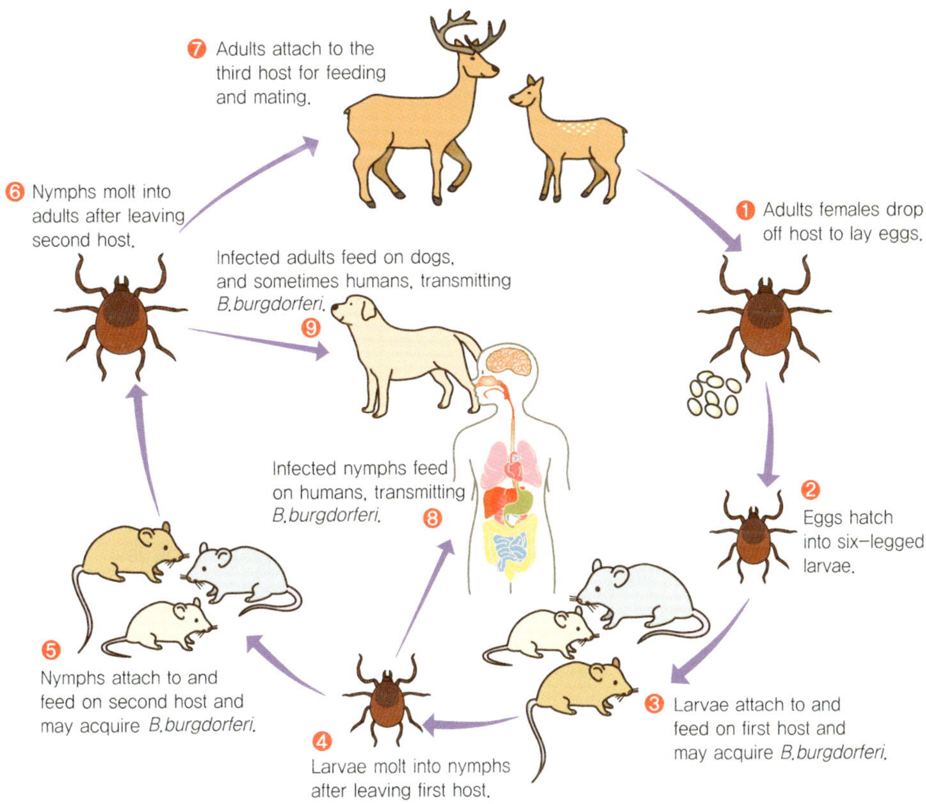

그림 5-3 개 라임병 세균의 전파 양식

출처: https://www.cell.com/trends/parasitology/fulltext/S1471-4922%2810%2900018-8

② 감염경로

개와 사람에 전파는 진드기 일종인 deer tick(ixodid)에 의한다.

그림 5-4 개 라임병 세균 전파 매개체 사슴 진드기(deer tick, ixodid)

출처: https://todaysveterinarypractice.com/preventive-medicine/canine-lyme-disease-threat/

③ 증상

감염된 개는 열과 식욕부진, 임파절 종창, 관절염 및 보행장애 등의 증상을 보인다. 심한 경우 콩팥의 손상으로 사망에 이른다. 사람의 경우에도 발열과 관절통증 및 종창 등의 증상이 보고되어 있다.

④ 예방 및 치료

진드기 예방을 하고 유행 시기에는 진드기 접촉 위험이 있는 산행을 줄이는 방법으로 예방을 한다. 의심되는 증상을 보이는 경우에는 동물병원에 내원하여 치료를 받도록 한다.

2. 고양이

1) 바이러스 전염병

(1) 고양이 면역결핍증(feline immunodeficiency virus, FIV): 고양이과 동물의 감염증

고양이과 동물들에만 감염이 이루어진다. 고양이 면역결핍바이러스가 원인으로 생기는 병으로 면역저하로 만성 구내염, 치은염, 기도염, 임파절 부종, 설사와 빈혈 증상을 보인다.

(2) 고양이 범백혈구감소증(feline panleukopenia, FPV): 고양이과 동물의 감염증

고양이과 동물들에만 감염이 이루어진다. 고양이 홍역(distemper) 또는 고양이 전염성 장염이라고 불리기도 하는 바이러스 질환으로 고양이 파보 바이러스 감염에 의한다. 혈액 속에 모든 백혈구가 감소하는 것으로, 심한 장염을 일으키는 것이 특징이다. 초기에는 발열과 식욕부진이 나타나고 물도 먹지 않으며 구토나 탈수를 일으키고 계속해서 설사를 하는 경우가 있다. 적절한 치료를 받으면 거의 한 주간 이내에 식욕이 회복되지만 새끼의 경우나 합병증을 가지고 있는 경우에는 사망률이 높다. 원인이 되는 파보 바이러스는 저항력이 강하고, 통상적인 소독으로는 효과를 기대할 수 없다.

(3) 고양이 백혈병바이러스 감염증(feline leukemia virus, FeLV): 고양이과 동물의 감염증

고양이과 동물들에만 감염이 이루어진다. 레트로바이러스에 속하는 고양이 백혈병바이러스 감염에 의해 유발된다. 백혈구에 암이 유발되는 것으로 이 병에 걸린 고양이의 타액에는 대량의 바이러스가 존재하므로 같은 식기로 먹던가, 몸을 서로 핥는 것으로 감염된다. 2마리 이상 기르는 경우는 정기적으로 검사를 한다. 고양이의 사인에 크게 연관된 병으로, 감염되면 임파 B종이나 백혈병을 일으킬 수 있다. 또, 증상이 나타나지 않은 채 전적으로 쇠약해져 여러 가지 증세를 나타내는 소위 후천성 면역부전 상태가 되며 다른 병을 합병하는 경우도 있다.

2) 클라미디아 전염병

(1) 클라미디아 감염증(chlamydia deseases): 인수공통감염병

고양이의 클라미디아 감염증(chlamydia deseases)은 세균이 점막 세포에서 집락을 이루면서 국소 자극을 일으켜 비염, 기관지염, 경미한 폐렴을 일으키는 것으로 재채기, 눈물, 콧물, 기침 등을 나타내고 호흡이 힘들고 식욕이 없어지기도 한다. *Chlamydia Pschittasi* 감염에 의하며 사람에서 결막염이 유발된다.

① 병태

클라미디아 감염은 고양이 클라미디아(*Chlamydia psittaci*)라는 세균의 일종으로 인한 결막염, 비염, 호흡기 증상 등 일련의 증상이다.

고양이 클라미디아는 질병에서 회복한 고양이의 체내에 잠복하고 위장과 생식기에서 분리될 수도 있다. 이른바 인수공통감염병의 하나에 꼽히고 있으며, 약간의 고양이에서 사람에게 감염도 보고되고 있다.

② 증상

고양이 클라미디아 감염의 증상에는 다음과 같은 것들이 있다. 감염 후 3~10일 후 일반적으로 한쪽 눈의 염증에서 시작된다. 끈적끈적한 눈곱을 수반하는 결막염이 특징으로, 바이러스성 결막염보다 증상이 길어져 만성화하기 쉬운 것으로 알려져 있다. 2~6개월령의 고양이가 걸리기 쉽다.

고양이 클라미디아 감염의 주요 증상으로는 눈곱을 수반하는 결막염, 콧물, 재채기, 기침, 기관지염, 폐렴 등이 있다.

③ 원인

감염의 원인은 주로 다음과 같은 것을 생각할 수 있다.

- 접촉 감염: 고양이 클라미디아 감염증의 감염경로는 클라미디아에 감염된 고양이와의 접촉에 의한 것이 가장 많다. 클라미디아가 입, 코, 눈의 침입 감염 때문에 고양이를 다두 사육하고 있는 경우 한 마리의 고양이가 감염되면 털 정리 및 식기의 공유 등을 통해 다른 모든 고양이에 쉽게 감염될 위험이 있다.
- 수직 감염: 어미 고양이가 감염된 경우에는 새끼 고양이가 클라미디아 감염으로 눈의 통증, 폐렴을 일으켜 최악의 경우 생후 며칠 만에 사망할 수도 있다.

④ 치료

클라미디아 감염증의 치료로는 약물치료가 있다. 고양이 클라미디아 감염증의 치료는 효과적인 항생제가 있으므로 안약이나 코로 투여하거나 전신 투여한다.

체내에서 완전히 소멸시키려면 일반적 항생제를 14일 이상(2~3주) 계속 투여해야 한다. 만약 클라미디아가 체내에 남아 버리면, 체내에 잠복한 클라미디아가 기회감염(기회감염 = 면역력의 저하에 따라)하고, 다른 고양이의 감염원이 되는 이른바 '캐리어'가 될 가능성이 있다.

중증 고양이의 경우에는 수액 요법이나 정맥 주사로 영양 공급하지만 체력이 있는 고양이라면 2~6주에서 치유된다.

⑤ 예방

4종 고양이 혼합 백신에 '고양이 클라미디아'가 섞여 있다. 고양이를 다두 사육하거나 외출이 잦은 고양이, 고양이끼리의 접촉이 많은 고양이 등에는 4종 고양이 혼합 백신 접종이 권장된다.

3. 토끼

1) 바이러스성 전염병

(1) 토끼 출혈병(Rabbit viral haemorrhagic disease, RVHD)

토끼 유행성 출혈열로도 불린다. 고열, 비강 출혈 등을 나타내며 감염 후 폐사한다. 바이러스성 출혈병(viral haemorrhagic disease, VHD) 또는 토끼 칼리시 바이러스 질병(Rabbit calicivirus disease, RCD)이라고도 한다. 토끼 출혈병은 매우 전염성이 강하며 집토끼와 멧토끼에 치명적이다. 백신접종을 받지 못한 토끼는 80~90%의 폐사율을 나타낸다. 매우 드물게 회복은 되지만, RHD는 법적으로 신고해야 할(법정전염병) 질병이다. 국내에서 이 토끼 출혈병은 강한 전염성을 나타내어 1980년도 후반에 울릉도를 제외한 거의 모든 지역의 토끼가 감염되어 거의 전멸하였던 질병이다. 2000년 이후에도 토끼 출혈병은 국내에서 지속적으로 발생하고 있다.

① 원인

원인은 칼리시 바이러스(calici virus)로 매우 심한 감염을 일으켜 혈액응고 system에 장애를 초래해서 토끼가 궁극적으로 출혈로 사망하게 된다. 경구, 비강, 결막경로를 통해 감염되며, 감염된 사체나 감염동물의 털에 노출되거나, 감염된 사료, 깔질, 음료수를 포함하는 접촉성 매개물에 의해 감염된다.

② 임상증상

토끼 출혈병의 잠복기는 1~3일이며, 발열이 시작된 이후 폐사는 12~36시간 이내에 일어난다. 임상증상은 고열(40℃ 이상), 냉담, 식욕절폐, 앞으로 엎드리기, 경련 마비 등을 포함한 신경증상, 신음소리, 혈액이 섞인 비루이다. 준임상형으로 발현되는 경우 심한 황달 혹은 쇠약하게 보이거나 생동력을 잃은 것이 특징이다. 이러한 동물은 1~2주 후에 간 기능장애로 폐사한다.

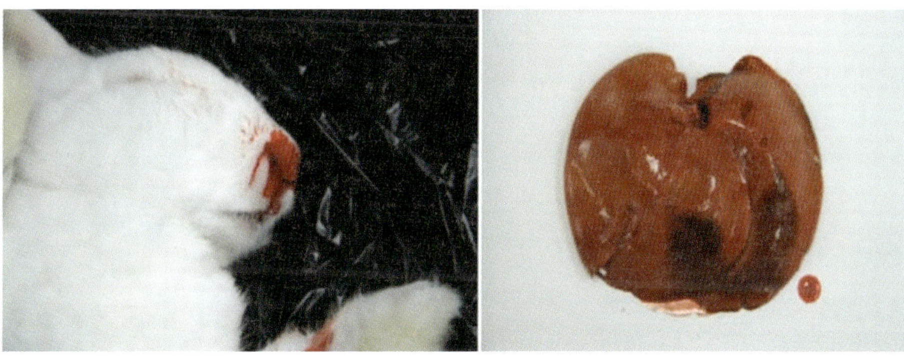

그림 5-5 **토끼 출혈병 변이주에 감염되어 폐사된 토끼와 황갈색을 보이는 토끼의 간**

출처: https://www.qia.go.kr/animal/prevent/viewJbbkWebAction.do?id=100215

③ 치료 및 예방

토끼 출혈병은 바이러스에 의한 전염병이기 때문에 치료약은 없다. 따라서 방역이 가장 중요하다. 이 질병의 병원체가 토끼 사육장 내로 들어오지 못하게 하기 위해서는 외부인이나 차량이 출입하는 것을 철저히 통제해야 한다.

불활화 백신을 생후 2개월령부터 1개월 간격으로 2회 접종하고 6개월마다 보강 접종을 통해 예방한다. 백신 접종을 받은 동물은 강한 면역반응을 나타내어 야외

감염으로부터 방어하기 때문에 현재 시판되고 있는 토끼 출혈병 불활화백신을 2~3개월령의 토끼에 1ml씩 뒷다리 근육에 접종, 예방한다. 원인으로는 칼리시 바이러스(calici virus)에 속하는 토끼 출혈병 바이러스(RHDV, HDV)로 감염률이 높고 감염된 사체, 사료, 물 등에 감염되기 때문에 접촉을 피해야 한다. 사육장, 바닥재 등의 정기적 소독과 사료의 위생 관리를 진행한다. 영양제 공급, 습식사료 급여 등을 통해 토끼의 면역력을 높여준다. 밀집 사육을 멀리하고 사육환경을 청결하게 유지해 주어야 한다. 토끼 출혈병 불활화백신 접종을 통해 예방할 수 있다.

그림 5-6 **토끼 출혈병 예방 백신**

출처: http://cavac.co.kr/product/C007

- 현재 국내에서 실시하고 있는 토끼 예방접종은 RHD(토끼 출혈병)와 광견병이다.
- RHD(토끼 출혈병)는 급성 전염병으로 집단으로 발생하고 감염된 토끼는 70~90%가량이 폐사하게 된다.
- 토끼의 앞니는 평생 동안 성장하게 되고 부정교합이 있는 토끼는 치아가 과성장하여 정상적인 먹이 섭취가 어렵게 된다. 정기적으로 치아를 절단해 주어야 하며, 치아를 갈 수 있는 상품화된 미네랄 스톤을 제공해 주어 예방한다.

반려용 토끼의 예방접종

- 토끼 출혈병 백신: 2개월령 토끼에 1차 접종, 1개월 후에 2차 접종, 매년 1회 추가접종
- 광견병 백신: 생후 3개월이 넘어서 1회 접종 후 매년 1회 접종
- 내외부 기생충: 월 1회 적용

2) 세균성 전염병

(1) 야토병(tularemia)

토끼와 다람쥐에 있는 야토균(*Francisella tularensis*) 세균으로 인수공통감염병이다. 사람이 이 균을 보유한 토끼와 접촉했을 때 사람이 걸리는 질병이다. 토끼와 접촉 후에 2~5일이 지나 갑자기 발열하고 두통, 요통, 구토, 설사 등의 증상이 나타난다. 또한 균 침입 부위의 피부나 점막에 궤양을 형성하고 림프절 종창을 일으킨다. 초기에 적절한 치료가 실시되지 않으면 위험할 수 있으며, 미국에서의 치사율은 3~7%이다. 이 질병 발생 시에 즉시 보건당국에 신고해야 한다.

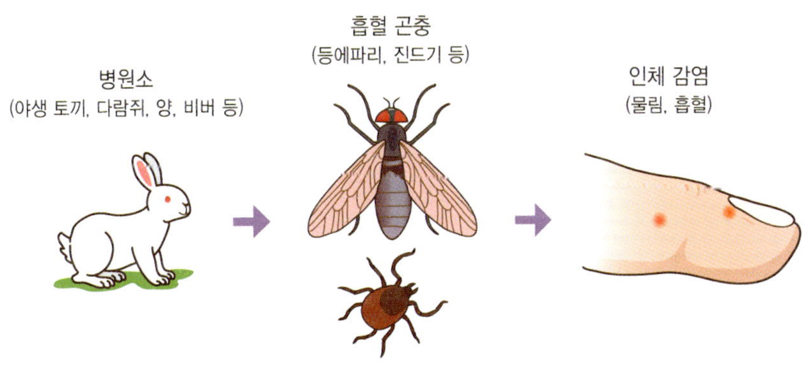

그림 5-7 야토병

출처: https://www.amc.seoul.kr/asan/mobile/healthinfo/disease/diseaseDetail.do?contentId=33897

- 동물: 경피감염(흡혈곤충, 진드기, 이를 통한 매개감염)
- 사람: 토끼가 감염원이며, 야외에서는 흡혈곤충의 매개에 의하거나 사체의 박피, 해체, 조리 시에 피부로부터의 창상 감염, 오염 육을 먹은 스컹크나 개의 교상에 의한 감염, 오염 육이나 오염 수에 의한 경구 감염, 실험실 비말에 의한 눈이나 비강의 오염 등이 있다.

① 정의

야토병은 야토균, 즉 프랜시셀라 툴라렌시스(*Francisella tularensis*)라는 균에 의한 감염병인데 이 균은 자연 상태의 흙, 물에 존재한다. 부패한 동물의 사체에서 수주~수개월까지 생존할 수 있다. 성별, 인종, 연령에 관계없이 모든 사람에게 감염될 수 있다. 여성보다 남성에게 더 흔하게 감염된다. 사람에서 사람으로 전파된 예는 보고되지 않았으므로, 환자를 격리하거나 검역할 필요는 없다.

② 원인

야토병은 야토균(*Francisella tularensis*)에 감염된 진드기, 사슴파리, 다른 벌레에 물리거나, 이 균에 감염된 죽은 동물을 만지거나, 균에 오염된 음식이나 물을 마시거나, 균을 흡입하는 경우에 걸릴 수 있다. 가장 흔한 침입 경로는 피부나 점막이다. 미국에서는 전체 환자의 75~85%가 피부를 통해 감염되는 것으로 알려져 있다. 이 병의 매개체는 진드기나 등에파리(tabanid) 같은 십여 종의 흡혈 곤충이다. 동물 병원소는 야생 토끼, 다람쥐, 조류, 양, 비버, 사향쥐, 반려견과 반려묘이다.

③ 증상

야토병의 잠복기는 보통 2~10일이지만, 3주 정도까지 길어질 수도 있다. 첫 증상은 보통 3~5일 이내에 나타난다. 갑작스러운 고열, 오한, 두통, 설사, 근육통과 관절통, 마른기침, 쇠약감, 임파선이 붓고 아픈 증상 등이 나타난다.

감염된 경로에 따라 다른 증상이 나타날 수도 있다. 피부나 입이 헐고, 목이 아프다. 눈, 목, 겨드랑이, 사타구니의 임파선이 붓거나 아플 수 있다. 폐렴에 걸리거나 숨이 가쁠 수 있고, 가슴 통증을 느끼거나, 기침할 때 피 섞인 가래가 나오는 등의 증상이 나타날 수 있다. 심한 경우 호흡 부전으로 사망하는 환자도 있다.

④ 진단

야토병은 혈액, 기관지 세척액, 림프절액 등과 같은 환자의 검체에서 균을 배양하여 진단한다.

⑤ 치료

모든 야토균의 치료에는 테트라사이클린과 시프로프록사신 항생제를 투약하는 것이 효과적이다. 재발하는 경우도 적다. 만약 림프절을 배액해야 하는 경우에는 배액 전에 며칠간 항생제 치료를 받아야 한다. 야토균 잠복기더라도 조기에 항생제를 투여하면 위중한 상황을 막을 수 있다.

⑥ 경과

야토균(*Francisella tularensis*) 감염은 뇌수막염, 심외막염, 심낭염, 간염, 복막염, 심내막염, 골수염, 횡문근 융해, 급성 신부전과 관련된 패혈증, 패혈증성 쇼크 등을 일으킨다. 뇌수막염이 일차적으로 나타나거나, 균혈증의 이차적인 발현 양상으로 나타날 수 있다.

⑦ 예방

야토병을 예방하기 위해서는 진드기에 물리거나 사슴파리 같은 흡혈 곤충에 노출되는 것을 피해야 한다. 진드기가 달라붙지 못하게 하는 곤충기피제(DEET: N,N-diethyl-meta-toluamide가 포함된 약물)를 피부에 바르거나, 의복에 곤충기피제인 퍼머스린(permethrin)을 뿌리는 것이 도움이 된다.

음식물은 충분히 익혀서 섭취해야 하며, 안전한 물을 마셔야 한다. 야외 활동 후에는 비누를 사용하여 철저히 손을 씻어야 한다. 야생동물, 특히 토끼의 박피를 금한다. 동물의 사체를 다룰 때는 꼭 고무장갑을 착용해야 한다.

4. 햄스터

1) 바이러스성 전염병

(1) 림프구성 맥락수막염(lymphocytic choriomeningitis virus, LCMV)

림프구성 맥락수막염은 바이러스성 질병으로 어린 햄스터에서는 흔하지 않은 질병이다. RNA arena virus에 의해 유발되며 임상증상은 숙주의 면역상태와 나이에 따라 다르게 나타난다. 감염된 야생 쥐의 소변과 타액의 접촉에 의해서 햄스터에 감염된다. 애완 및 실험용 햄스터의 경우 소변과 타액을 통해 사람에게 전파될 가능성이 있으며 이로 인해 바이러스에 양성인 햄스터는 반드시 안락사를 실시한다. 이 바이러스가 사람에게 전염되는 경우 맥락수막염으로 진행될 수 있으며 초기에 인플루엔자와 유사한 증상을 보인다. 실험실 검사를 통해 진단이 가능하고 PCR 또는 혈청항체검사를 통해 감염여부를 확인한다.

> ※ 림프구성 맥락수막염은 햄스터에서 흔한 질병은 아니지만 사람에 감염될 경우에는 맥락수막염으로 진행될 수 있다.

5. 페럿

1) 바이러스성 전염병

(1) 알류산병(Aleutian disease)

알류산병은 일반적으로 밍크에서 볼 수 있는 바이러스 질병으로 파보 바이러스(parvo virus) 감염에 의해 발생한다. 두 가지 형태의 바이러스가 페럿에서 보고되어 있다. 체중이 감소하고 약해지며 행동이 둔해지는 증상과 병리학적으로 간과 비장이 커지게 되지만, 육안적으로 질병을 판단하기는 어렵다. 혈액에서 항체가를 측정하여 진단할 수 있으며 면역매개성질병으로 치료 방법은 없으며 감염된 페럿은 전염을 방지하기 위해 철저한 격리를 실시한다. Aleutian 바이러스에 대한 알려진 치료법은 없다.

Chapter

06 피부 질환

반려동물이 동물병원에 오는 가장 흔한 이유는 피부질환이다. 이 중 많은 경우가 '감염성 피부염'이며 그 감염원은 세균, 곰팡이, 기생충, 효모균 등 다양하다. 사람에게 옮을 수 있는 대표적인 감염성 피부병으로는 '피부사상균증(곰팡이)'과 '옴진드기 증'이 있다.

피부사상균증은 '링 웜(ring worm)'이라고도 부른다. 둥근 원 모양으로 피부병변이 생기기 때문이다. 곰팡이가 원인균이며 주로 면역력이 떨어진 동물이나 사람이 감염에 취약하고 가까이 접촉하는 시간이 많을수록 전염될 가능성도 커진다. 강아지와 고양이에서는 주로 병변부의 탈모가 생기는 게 특징이다.

옴진드기는 피부에 굴을 파서 알을 낳으며 기생하는 감염체이다. 흔히 생각하는 진드기와는 다르게 옴진드기는 크기가 작아 현미경으로 확인해야 한다. 옴진드기는 그 가려움증이 매우 심한 것도 문제지만 사람에서도 한 명이 옴진드기에 감염되면 모든 가족이 다 감염될 정도로 그 전염력이 부시무시해 골머리를 썩인다. 주로 동물들에서는 귀 끝에 기생해 뒷발로 귀를 긁는 행동을 보인다면 감염을 의심해야 한다. 옴진드기에 감염된 것이 확인되면 구충제나 약욕 등의 치료를 진행하게 된다.

피부사상균증과 옴진드기 증은 그 치료도 중요하지만 재감염되는 일도 많아 반려동물이 사용했던 이불이나 물건들을 깨끗이 소독하거나 폐기하는 것이 좋다. 또한 동거 견, 동거 묘가 있다면 격리를 해야 한다. 그리고 무엇보다 보호자도 피부병변이 나타나지 않는지 꼭 확인해야 하며 의심되는 병변이 확인된다면 피부과를 방문해 상담 후 적절한 치료를 받아야 한다.

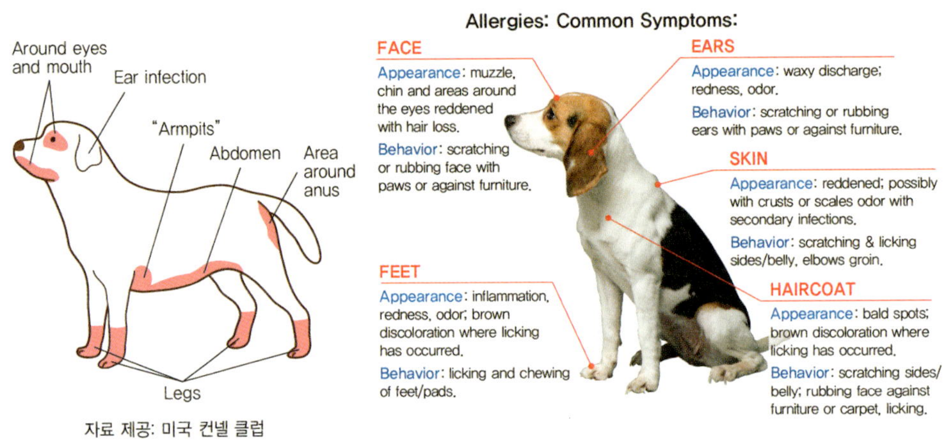

그림 6-1 반려동물의 피부병 위험 부위

출처: http://www.healthumer.com/news/articleView.html?idxno=4244

1. 개

1) 탈모증

① 증상

털이 빠지는 증상을 탈모증이라고 하는데, 먼저 털갈이에 의한 탈모와 질병에 의한 탈모를 구분해야 한다. 털갈이는 몸 전체적으로 털이 빠지는데, 주로 가볍고 부드러운 솜털이 빠져나온다. 질병에 의한 탈모는 주로 몸에 부분적으로 털이 빠지고, 가려움증을 느끼는 경우가 많다. 그리고 털이 빠진 부위가 헐거나 붉게 변하고 염증이 있으면 병적인 탈모이다.

② 원인

탈모의 원인은 매우 다양하다. 기생충, 세균, 호르몬 장애, 곰팡이 등이 흔한 탈모의 원인이다.

③ 대책

정확한 원인을 알아내는 것이 중요하다. 질병에 따라 치료방법은 매우 다양한데 가능한 초기에 진단하는 것이 좋으므로 빨리 병원에 간다. 경우에 따라 피부 보조제 등으로 탈모를 예방할 수도 있다.

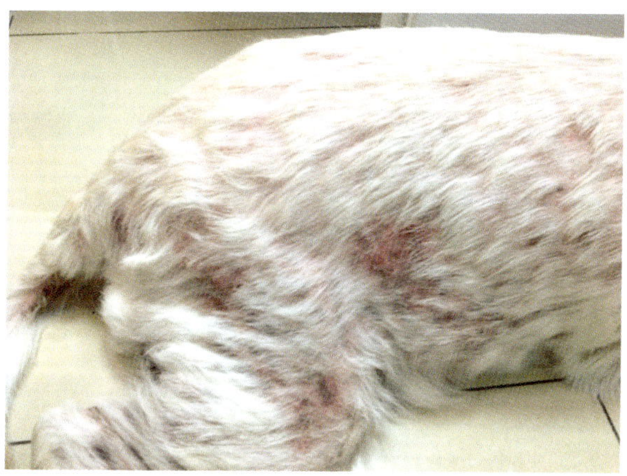

그림 6-2 개 탈모증

출처: https://m.blog.naver.com/hansolpet/221180560207

2) 아토피

① 증상

최근에는 개에게도 아토피가 많이 생기고 있다. 아토피는 특정한 원인에 대하여 과민반응을 보이는 것으로 피부의 가려움증과 호흡곤란과 같은 증상으로 난다. 가려움증으로 인해 피부 상처나 세균의 이차 감염이 발생할 수 있다. 대부분 개들은 호흡기 증상보다 피부과 증상으로 아토피가 나타난다.

② 원인

보통 한 살에서 세 살 사이에 발생하고, 유전적 원인이 대부분이다. 아토피의 알레르기를 일으키는 물질을 확인하면 치료와 예방이 가능하지만 원인물질을 확인하는 것이 쉽지는 않다. 집먼지진드기도 큰 원인이 될 수 있고 벼룩이나 꽃가루 등 다양한 원인에 의해 알레르기 반응을 보인다. 피부가 아토피 증상을 가지게 되면 피부 결합이 느슨해지고 약해져서 감염이 되기 쉽고 수분도 잘 빠져나가기 때문에 건조해지게 된다.

③ 대책

알레르기의 원인이 되는 물질을 찾아서 그것들을 제거하고 이차적인 감염을 치료하면 증상이 호전되나 거기에 다시 노출되면 언제든지 재발할 수 있다는 점을 주의해야 한다. 알레르기를 일으키는 물질을 항원이라 하는데, 항원검사에 따른 원인물질을 확인하고 그 알레르기 반응을 줄여주는 항체요법을 동물병원에서 상담하는 것도 좋은 방법이다.

3) 지루증

① 증상

피지에 문제가 있는 것을 지루라고 하는데, 지루에는 건성지루와 습성지루가 있다. 건성지루는 건조한 비듬과 분비물이 피부에 많이 생기고 가려움이 심한 것이고, 습성지루는 끈끈한 점액이 묻어 있고 냄새가 심하게 난다.

② 원인

다양한 원인이 있는데, 선천적인 경우와 기생충, 영양상의 문제, 아토피, 진균감염 등이 흔한 원인이다.

③ 대책

원인에 따라 치료가 다르므로 정확한 진단을 먼저 해야 한다. 특히 약용샴푸들이 많은데, 함부로 사용을 하면 증상을 악화시키고 지루를 만들기도 한다.

4) 벼룩 알레르기

① 증상

벼룩에 의해 알레르기가 일어나면 매우 심한 가려움증을 보인다. 특히 아랫배 부위에 빨간 반점이 생기고 털이 빠지는 증상이 나타난다.

② 원인

벼룩은 가려움증뿐 아니라 빈혈과 리켓치아 질병을 옮기기도 한다.

③ 대책

옴과 같이 벼룩을 예방하는 약이 있어 한 달에 한 번씩 발라주면 된다.

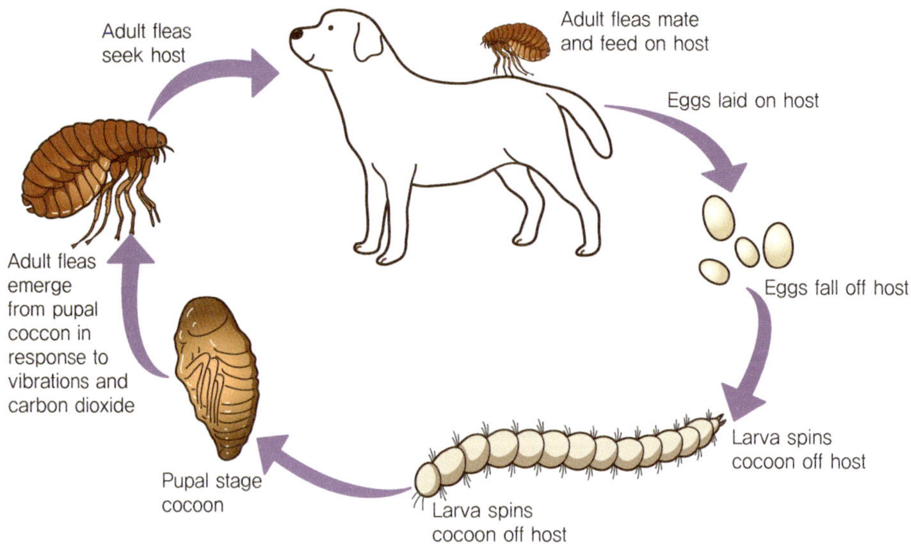

그림 6-3 개벼룩의 생활사

출처: https://www.safarivet.com/care-topics/dogs-and-cats/fleas/

5) 개선충증(scabies)

개선충증(scabies)의 주원인은 개선충(*Sarcoptes scabies*)의 감염으로 옴이라고도 불리는 증상을 유발한다. 개선충에 감염된 개는 가려움에 피부를 긁고 긁은 상처에 감염된 세균에 의하여 피부에 염증이 유발된다. 인수공통감염병으로 사람도 감염되며 감염된 피부에 오돌토돌한 빨간 돌기들이 생기고 가려움증을 느끼게 된다. 개선충의 예방은 정기적인 피부 위생 관리가 필요하며 개선충 오염 빗이나 클리퍼의 사용에 주의하고 감염된 개와의 접촉을 피하여야 한다. 피부를 긁으면 동물병원에 내원하여 진단 후 치료를 요한다.

① 병원체

개선충은 옴이라고도 불리는 *Sarcoptes scabiei* var. *canis*가 원인제이며 전염력이 강한 피부 기생충으로서 주로 피부의 안쪽에 굴을 파고 생활하는 기생충이다. 피부 속에서 알을 낳아 약 1주일이면 새끼가 알에서 태어나며 다시 알을 낳을 때까지 피부에 자극을 주면서 생활을 하게 된다. 피부를 자극하면서 심한 가려움증을 유발하는 것이 특징이다. 보통 지저분한 곳이나 집단사육하는 환경에서 여러 마리의 강아지가 같이 지내면서 전염되는 경우가 많다.

② 증상

심한 소양감, 탈모, 발적, 가피 등이 대표적인 증상이다. 일반적으로 병원 검사실에 들어온 개는 긴장해 있기 때문에 웬만한 소양감이 있어도 잘 긁지 않으나 개선충증에 걸린 개는 심지어 검사실에서까지도 계속해서 긁는다. 피부병변은 일반적으로 털이 적은 부위에서 시작하며 귀의 변연부, 복부, 뒷다리꿈치, 앞다리꿈치 등에 많이 형성된다. 항생제 및 스테로이드계 약물에 치료되지 않는다. Pinnal-pedal reflex(귀 끝을 비볐을 때 뒷발로 긁는 자세)를 보인다. 그러나 Pinnal-pedal reflex는 지루성 귀질환과 같은 타 원인에서도 관찰되기 때문에 특징적 진단법은 아니다. 전염성이 매우 강해 동거하는 개들 모두가 감염된다. 애견 센터에서 털을 손질한 후, 혹은 가축병원에 내원한 후에 많이 감염된다. 강아지에서는 성견에서처럼 심한 가려움증을 보이지 않는 경우가 많다. 사람도 옮을 수 있으며 팔, 가슴, 혹은 복부에 가려움증과 구진(papular rash)이 형성된다. 개선충은 피부에 사는 외부 기생충인데, 매우 심한 가려움을 유발해 신경질적으로 긁어 대기도 한다. 특히 귀 끝을 손으로 가만히 누르면 뒷다리를 부르르 떠는 '이개족 반사'가 특징이다. 자주 긁기 때문에 비듬이 많이 생기게 되고 피부가 헐고 염증이 생긴다.

③ 발생 부위

다리, 얼굴, 귀 끝에 두터운 딱지가 특징적으로 생긴다. 사람에게도 전염이 된다. 치료가 된 후 2차적으로 진균성 피부병에 걸릴 위험이 높다.

④ 진단과 치료

검진에 의하여 피부에서 *Sarcoptes scabiei* 병원체 검사하고 치료를 받는다. 옴의 치료제는 다양한 형태로 여러 가지가 있다. 주사, 샴푸, 연고, 바르는 약 등 여러 가지 제제가 있지만, 치료기간은 상태에 따라 보통 3주 정도 걸린다. 사람에게도 감염이 될 수 있는데, 여자와 어린아이들이 민감하게 반응한다. 최근에는 등에 바르는 약으로 개선충을 예방하고 있다.

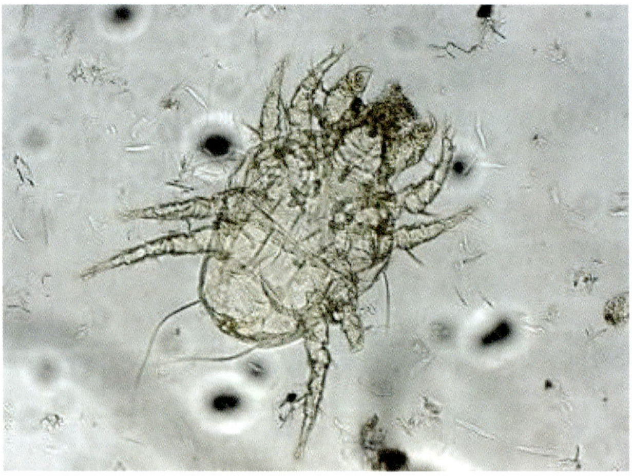

그림 6-4 **개선충 병원체**

출처: https://blog.naver.com/eoulimah/220835261267

6) 개모낭충(demodex)

주원인은 개모낭충(*Demodex canis*)의 감염으로 모낭충에 감염된 개는 모낭 안에 기생충 감염에 의한 염증으로 털이 빠지고 가려워 긁은 피부에 2차 세균 감염으로 염증이 유발된다. 모낭충은 개선충에 비교하여 보다 치료가 어려워 장기 치료가 요구되며 흔히 재발이 유발되기 때문에 관리에 주의를 요한다.

① 원인

주로 생후 2~3개월령에서 5~6개월령에 걸친 발육기에서 *Demodex canis*의 기생에 의해 발생하는 기생성의 피부병으로 개는 다른 동물에 비해 감수성이 높다. 모낭충은 사람을 포함한 각종 동물에 기생하는 고유의 종이 밝혀져 있다. 소는 *D. bovis*, 돼지는 *D. suis*와 *D. phylloides*, 고양이는 *D. cati*로 모낭 및 피지선 내에 기생하고 있다. 감염은 직접 또는 간접접촉에 의해 어린 개는 포유 시 감염될 수 있고 피모의 발육이 끝난 후에는 환자 동물과 접촉이 있어도 감염이 적은 것으로 알려져 있다. 감염률과 발생은 연령, 품종 및 피모의 장단 등에 따라 달라 어린 개가 감염률이 높고 닥스훈트 종과 같은 단모종이 장모종에 비해 감염되기 쉽다. 모낭충은 유전되기도 하며 보통 면역이 약한 개들에게 발생한다. 감염이 쉽고 다른 이차적으로 세균 감염을 일으키게 된다.

② 증상

탈모, 홍반, 농포, 발적이 주 증상이며 모낭충증 자체로는 가려움증이 거의 없다. 소양증은 보통 2차 세균 감염에 의한 것이거나 전신성일 경우에 국한된다. 전신성일 경우 면역계 이상으로 인한 것이므로 동거하는 개들 모두가 전신성 모낭충을 나타내지는 않는다. 항생제 및 스테로이드계 약물에 치료되지 않는다. 오히려 이들 스테로이드계 약물 처치를 받고 있는 개에서 면역억압의 결과로 모낭충증이 임상적으로 발현될 수 있다. 모낭충은 모낭에 사는 외부 기생충이다. 탈모가 주된 증상이고 주로 다리 끝이나 얼굴 주변에 자주 발생한다. 개선충에 비해 가려움증은 별로 없지만 모낭충 특유의 피부 비린내가 나고 심한 염증을 일으키게 된다.

- 국소성 모낭충증(localized demodicosis): 부분적인 탈모와 홍반 및 종창, 주로 안면(특히 안와 및 입 주위)과 전지 등에 다발하며 드물게는 몸통과 후지에도 발생한다. 주로 3~6개월령에 다발하며 소양감은 드문 편이다. 감염된 어미 개를 통해 새끼에게 이환된다.

- 전신성 모낭충증(generalized demodicosis): 가장 중요한 피부염의 하나로서, 국소형으로부터 시작하여 전신으로 퍼진다. 치료하지 않을 경우 2차 감염으로 인해 폐사할 수 있으며 보기가 매우 흉측하며 Amitraz라는 약이 개발되기 전에는 치료가 거의 불가능해 축주의 요구나 수의사의 추천에 의해 안락사되는 경우가 대부분이었다.
- 모낭충성 족피부염(demodectic pododermatitis): 병소는 발에 국한되어 나타나며 전신성 모낭충증을 치료한 후에도 발 부위만 만성적으로 남아 있게 되는 경우에 해당 2차 세균 감염이 거의 항상 수반된다. 올드 잉그리쉬 쉽독에 다발하며 치료해도 잘 낫지 않는다.

③ 예방 및 치료

- 국소성 모낭충증의 치료: 대부분의 경우에 자연치유, 일부는 전신성으로 확대된다. rotenone이나 lindane 또는 benzyl benzoate계 연고를 매일 1회 발라준다.
- 전신성 모낭충증의 치료: 털을 깎는 것이 매우 중요하며, 피부에 형성되어 있는 가피들도 제거해야 한다. 가능하면 약용 샴푸로 전신을 세척하여 가피, 지루, 세균 등을 제거한 후, Amitraz(그린틱스,[1] 녹십자수의 또는 Mitaban, Upjohn)로 약욕시키거나 스펀지로 도포한다. 약을 도포 후 물로 씻어 내지 말고 드라이 등으로 불어 말린다. 2주에 한 번씩 3~6회 실시하도록 되어 있으나 매주 약욕하는 것이 더 효과적이다. 12~24시간가량 진정작용이 있음을 축주에게 상기하는 것이 좋다. 가끔 수종을 수반한 심한 통증 및 발열이 약 도포 후 수 시간 후에 발생하는 경우도 있다. Skin scraping을 실시하여 살아 있는 모낭충 응에가 사라진 후 두 번 더 약욕한다. 전신성으로 모낭충에 감염된 경우 귓속도 반드시 검사하여 모낭충이 검출되면 치료해야 한다. 귓속은 mineral oil 3에 rotenone 1로 섞어

1) 그린틱스: 따뜻한 물을 1 : 250배로 희석하여 사용, Mitaban의 경우 한 병(10.6ml)을 3.8리터의 따뜻한 물에 희석하여 사용

치료하거나 mineral oil 9에 amitraz 1을 섞어 매일 점적해 준다. 모낭충증이 있는 개는 코르티코스테로이드(corticosteroid) 요법을 실시해서는 안 된다. 스테로이드(steroid) 요법을 실시하면 치료된 개도 재발할 가능성이 매우 높다. 발견 즉시 치료하면 완치되지만 온몸에 퍼진 경우 치료되지 않을 수 있다.

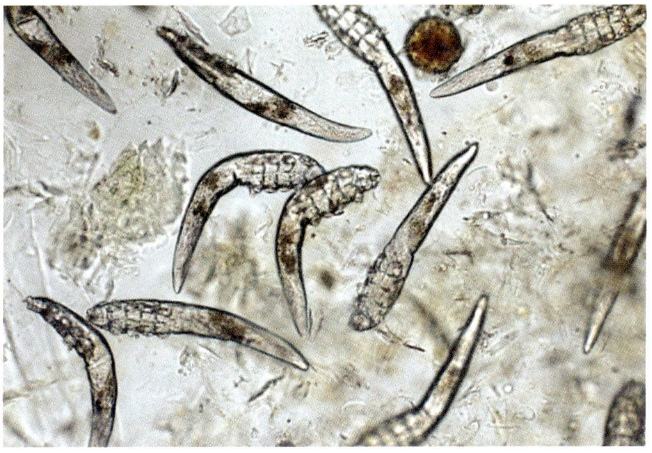

그림 6-5 모낭충의 병원체

출처: https://m.blog.naver.com/hlclab/221521408227

7) 귀 진드기(ear mite)

주원인은 귀 진드기의 감염으로 증상이 유발된다. 귓속에 귀지와 염증을 유발하며 가려워 긁기 때문에 귀에 2차 세균 감염이 일어난다. 정기적인 귀 청소와 위생적 관리로 예방할 수 있다.

어린 강아지에게서 흔히 볼 수 있는 외부 기생충 중 하나가 외이도 내에 번식한 개선충의 일종인 귀 진드기이다. 심한 가려움증을 일으키고 악취를 내며 흑갈색의 지저분한 귀지가 생긴다. 귀 진드기는 귓구멍의 피부에 자극을 주기 때문에 감염된 강아지는 귀를 심하게 흔들게 된다. 치료는 비교적 쉽고 재발을 위해 진드기 예방약을 바르는 것이 도움이 된다.

8) 이(lice) 및 벼룩(flea)

주원인은 이와 벼룩으로 이와 벼룩의 감염은 위생적 관리로 예방할 수 있다. 외부 기생충을 예방하는 약제들이 다양하게 개발되어 있어 편리하게 이용할 수 있다.

9) 피부 유주증(cutaneous larva migrans)

십이지장충(hook worm)으로 알려진, 개구충(*Ancylostoma caninum*), 브라질구충(*A. braziliense*) 등의 유충은 장기 유주증으로 사람의 피부로 파고드는 경우가 있다. 이들 기생충의 유충은 특정한 효소를 분비하며 피부나 점막을 녹이고 뚫고 들어가게 된다. 강아지 역시 경피감염, 경구감염, 경유방감염 등으로 감염되기 때문에 어미 개의 젖을 통해 쉽게 유충을 섭취하게 된다.

10) 곰팡이 감염증

피부 곰팡이 감염증은 진균에 의하여 유발되며 인수공통감염병으로 사람 피부에도 감염이 유발된다. 다양한 곰팡이에 의하여 피부 병변이 유발되며 세균과 외부 기생충 감염증과 감별 진단이 필요하다. 우드 램프로 피부에 자외선을 쬐어 형광을 발하는 것을 확인하여 피부 곰팡이 감염증을 진단할 수 있다. 피부를 긁어 도말하여 현미경으로 관찰하여 곰팡이 포자를 관찰하는 것으로 진단하기도 한다. 곰팡이는 치료가 어렵고 흔히 재발하기 때문에 주의를 요한다.

11) 백선증(ring worm)

링웜이라고 불리는 진균성 곰팡이성 피부염인 피부사상균증으로 개에서 흔히 발생하고 특히 어린 강아지나 면역력이 떨어진 동물에서 높은 발생률을 보인다.

① 증상

병변은 국소적, 전신적 다양하다. 소양감이 존재하는 경우도 있지만 전혀 가려워하지 않는 경우도 있다. 고리 모양의 원형의 탈모가 특징적이다. 환자는 발가락 주위, 입 주위 등 다발성의 탈모와 각질을 주증으로 한다.

② 진단

병변 부위 털을 뽑아 곰팡이 배양검사인 DTM(dermatophyte test medium) 검사를 실시한다.

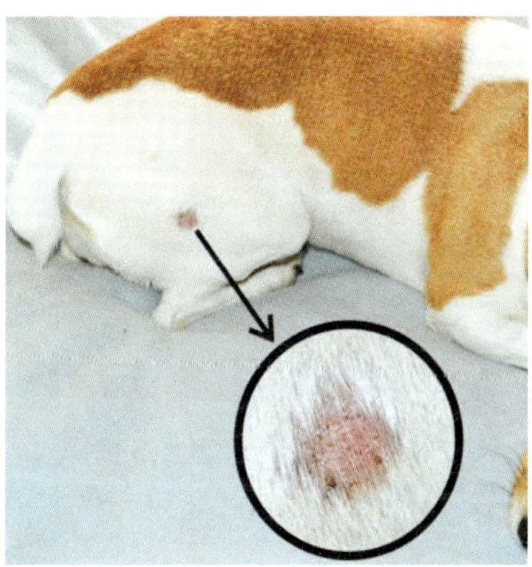

그림 6-6 개의 백선증

출처: https://blog.naver.com/bh_ah/221418375732

③ 치료

개에서는 국소적인 경우가 대부분이기 때문에 항진균제가 함유된 연고만 도포하여 치료가 잘 되는 편이다. 항진균성 샴푸로 매주 1~2회, 최소 4~6주간 약욕을 실시하며, 길게는 한 달 이상 약물복용이 필요할 수 있다.

여러 마리의 개들이 함께 사는 경우, 증상이 없더라도 예방적인 차원에서 감염된 동물의 치료기간 동안 매주 항진균성 샴푸를 함께 해주는 것이 좋다. 사람에게도 옮길 수 있으므로 조기에 발견하여 치료하는 것이 중요하다.

2. 고양이

1) 벼룩(flea)

만약 많은 수의 벼룩이 고양이 몸에 기생하여 장기간에 걸쳐 다량의 피를 흡혈하면 빈혈이 생길 수도 있다. 또한 벼룩에 흡혈했던 부분은 빨갛게 일어나며 알레르기를 일으켜 고양이가 가려워할 수도 있다.

벼룩 알레르기는 벼룩의 수에는 관계가 없이 한 마리의 벼룩이라도 흡혈을 하면, 벼룩의 타액 때문에 전신적인 알레르기 반응을 일으킬 수 있다. 또한 벼룩은 조충(유충) 감염을 일으키기도 한다.

2) 귀 진드기(ear mite)

① 원인

귀 안에 작은 개선충이라고 하는 일종의 진드기가 기생하여 일어나는 병이다. 귓속에서 암갈색의 귀지가 보이며 매우 전염력이 강하여 다른 고양이에게 옮기고,

심하게 긁으면 머리나 귀에 상처가 생길 수 있으며 이혈종으로 진행될 수도 있다.

② 증상

고양이의 귀가 세균, 귀 진드기, 진균(곰팡이) 등에 감염이 되면 심하게 머리를 흔들거나 몹시 가려워한다. 심한 악취가 나며 지저분한 더러운 귀지가 쌓여 있다. 치료가 되지 않으면 중이염, 내이염으로 진행될 수도 있다.

3) 곰팡이성 피부병

① 원인과 증상

주로 털 관리가 제대로 되지 않아 곰팡이에 감염되어서 발생하는 피부병이다. 증상은 털이 많이 빠지고 가려움증을 동반하며 몸 전체로 번진다. 또한 피부에서 하얀 비듬이 많이 떨어진다.

② 예방

고양이의 털은 섬세하고 촘촘하기 때문에 털에 남아 있는 습기는 곰팡이성 피부병을 일으킬 수 있다. 털의 청결과 건조가 무엇보다 중요하다. 그러므로 평소에 햇볕을 많이 받도록 해야 하고, 고양이 주변 환경이 통풍이 잘되게 해준다. 털이 빠져 있는 곳만을 부분적으로 치료를 하면 재발할 수 있다. 전신치료가 원칙이다. 먹는 약, 약용 샴푸와 연고를 함께 치료해야 빠른 효과를 볼 수 있다.

4) 백선증(ring worm)

고양이에서 흔히 발생하고 어린 고양이, 면역력이 떨어진 동물, 긴 털을 가진 고양이에서 높은 발생률을 보인다.

고양이는 전신감염이 일반적으로, 입 주위를 비롯한 안면부, 사지로 퍼지는 경우가 많고, 당연히 전신치료(내복약)가 필요하다.

3. 햄스터

1) 피부병

햄스터의 피부병은 대부분 옴, 진드기, 이 등의 외부 기생충에 의한 것이다. 물론 알레르기나 물리거나 할퀸 상처에 의해 피부에 질병이 발생할 수 있다.

① 증상

원형으로 탈모가 일어난다. 등과 엉덩이 부위의 털이 빠지고 비듬이 생긴다. 상처가 생길 정도로 긁으면서 피가 난다.

② 예방

감염된 개체와 격리한다. 사육장, 운동기구, 먹이 그릇, 물그릇 등 사용되는 모든 물품을 소독한다.

2) 모낭충증(demodicosis)

햄스터에서 가장 흔한 외부 기생충으로 건강한 햄스터의 피부 소파검사에서도 정상적으로 발견된다. 모낭충은 모낭 안에 서식하며 다른 질병으로 인해 면역이 저하된 경우에 증식하여 발생된다. 일반적으로 수컷 및 나이가 있는 햄스터에서 잘 발생하며, 등과 엉덩이 부위의 털이 빠지고 건조한 비듬이 형성된다.

3) 백선증(ring worm)

의학적으로 '체부 백선'으로 알려진 백선은 피부의 가장 바깥쪽의 진균성 감염을 의미한다. 비늘 모양의 건조하고, 부종 또는 가려움이 동반된 빨간색 또는 은색 발진으로 나타나며 고리는 바깥쪽으로 퍼지고, 중간 부분은 정상적인 색일 수 있다.

피부에 곰팡이균이 감염되어 부분적으로 원형으로 털이 빠지는 증상을 보인다. *Tricophyton mentagrophytes* 또는 Microsporum species 등의 곰팡이균 감염에 의해 발생하고 접촉 시에 사람에게도 전염이 될 수 있다.

피부병의 감염경로는 피부병에 걸린 다른 햄스터와 접촉하거나, 피부병에 걸린 햄스터가 사용하던 톱밥, 기타 액세서리나 케이지에 의해서 감염된다. 일단 피부병에 걸리면 가려워서 무척 많이 긁는 것을 볼 수 있다. 주로 많이 감염되는 부위는 등, 귀, 코, 생식기 등이다. 많이 긁고, 털이 빠지며, 너무 긁어 피부에 상처가 나서 피가 나는 증상을 볼 수 있다.

피부병이 발생하면 감염된 햄스터를 따로 격리해야 하며, 감염된 햄스터가 쓰던 모든 것을 완전히 소독해 주어 전염을 막아야 한다. 또한 감염된 햄스터를 만지기 전에 반드시 비닐장갑이나 고무장갑을 착용하는 것이 좋다. 피부병은 사람에 감염될 수 있는 인수공통감염병인 경우가 많기 때문에 동물병원에서 햄스터를 치료하는 것이 좋다.

4. 페럿

1) 백선증(ring worm)

페럿에서 *Microsporum canis* 또는 *Trichophyton mentagrophytes* 진균 감염에

의해 백선증(ring worm)이 잘 발생된다. 어린 페럿에서 잘 발생하고 밀집 사육하기나 고양이와의 접촉에 의해 감염된다.

2) 귀 진드기(ear mite)

귀 진드기는 *Otodectes cynotis* 균에 의해 발생한다. 개 및 고양이에서와 비슷하게 어두운 회색빛이 도는 귀 분비물을 배출하고 불쾌한 냄새가 난다. 귀 진드기에 감염된 페럿은 일반적으로 특별한 증상을 보이지는 않지만, 심하게 감염된 경우에는 머리를 흔들거나 귀 부위를 긁게 된다. 동거하는 다른 페럿에게 쉽게 전염되므로 격리해서 관리한다.

3) 피부병

① 증상

원형으로 탈모가 일어난다. 등과 엉덩이 부위에 털이 빠지고 비듬이 생긴다. 상처가 생길 정도로 긁으면서 피가 난다.

② 예방

감염된 개체와 격리한다. 사육장, 운동기구, 먹이 그릇, 물그릇 등 사용되는 모든 물품을 소독한다.

5. 기니피그

1) 가려움증과 탈모

① 원인

만일 기니피그가 특정 신체 부위를 과도하게 긁거나 털이 빠진다면, 이나 진드기 등의 외부 기생충이 있는지 확인할 필요가 있다. 가려움증과 탈모를 일으키기 때문이다. 특히 기니피그의 귀 뒤쪽에 털이 빠진 흔적이나 붉은 반점 등이 보이는지를 살펴보는 것이 좋은데, 보통 이 주변에 이나 기생충 알이 있을 수 있다. 이나 진드기를 없애는 것이 좋다.

기생충들은 다른 기니피그로부터 전염될 수 있어 전염성이 매우 높다. 또한, 애완용 기니피그는 베딩 또는 음식으로부터 기생충에 감염될 수 있다. 새 기니피그를 합사하기 전에 외부 기생충에 의한 피부 증상이 있는지를 먼저 확인해야 한다. 또한 음식이나 베딩을 케이지 안에 넣기 전에 한 번 얼리는 것도 좋다. 하루 정도 얼려두면 추운 기온에 의해 숨어 있던 기생충이 제거되며, 이로써 다른 기니피그로 전파되는 것을 막을 수 있다.

과밀, 영양 부족, 환경스트레스로 인해 감염되기 쉬운 동물에게 질병을 퍼뜨리거나 스스로 질병을 앓는다. 안면부, 머리, 귀 주변으로 흔하게 발견되지만 등과 다리 전신으로도 퍼진다. 벼룩과 이와 같은 외부 기생충이 있다. 진드기 감염은 심한 가려움증을 유발하여 빌작을 일으킨다. 피부가 딱딱하고 긁어서 날카로워지며 탈모가 발생하고 2차 감염이 생길 수 있다.

② 증상

일반적인 증상으로는 긁기 빈도수의 증가, 모질 손상, 극단적인 가려움 등이 있다. 모낭충, 옴진드기, 개선충, 이가 있을 경우 모질 손실 및 가려움을 유발할 수 있다.

2) 종기

종기는 신체 조직의 감염성 부기로 묘사되며, 턱, 얼굴, 근육, 치아, 피부, 림프절을 포함한 기니피그의 여러 신체 부위에 영향을 줄 수 있다. 종기(고름, 박테리아의 축적을 포함하는 감염된 부위)는 치아, 뼈, 내장기관에도 영향을 미칠 수 있다.

배액되지 않거나 쉽게 재흡수되지 않는 두꺼운 고름을 형성하기 때문에 외과적 제거가 필요하다. 일부 종기(턱과 치아를 포함하는)는 영향을 받은 치아와 뼈를 감염된 모든 연조직과 함께 제거해야 하므로 치료하기가 더 어렵다.

3) 피부병

① 증상

원형으로 탈모가 일어난다. 등과 엉덩이 부위의 털이 빠지고 비듬이 생긴다. 상처가 생길 정도로 긁으면서 피가 난다.

② 예방

감염된 개체와 격리한다. 사육장, 운동기구, 먹이 그릇, 물그릇 등 사용되는 모든 물품들을 소독한다.

Chapter

07 소화기계 질환

반려동물의 소화기 질환은 식도, 위, 소장, 대장, 간, 담도 및 췌장까지의 각종 소화기 질환이 해당되며 개와 고양이에서 매우 흔한 질환으로는 식도 및 위장관 이물, 염증성 장질환, 감염, 종양질환이 있으며 임상증상으로는 구토, 설사, 체중 감소, 식욕부진 등을 보일 수 있다.

위장(GI) 장애 및 질환은 반려견의 위장과 창자에 영향을 미쳐 통증과 기타 문제를 야기한다. 음식의 소화 또는 흡수를 저해하거나 소화관을 통한 이동경로를 바꿔버리는 질환은 모두 소화 장애라고 할 수 있다. 반려견이 음식에 든 영양소를 통해 조직을 구성, 복구하고 에너지를 얻기 위해서는 건강한 소화가 필수적이다. 위장 장애는 탈수, 산 염기 및 전해질 불균형, 영양실조를 야기할 수 있으므로, 증상을 알아차리고 수의사의 진찰을 받는 것이 중요하다.

소화 장애의 유형은 매우 다양하게 나타난다. 원인으로는 반려견 사료가 아닌 것을 섭취하는 것부터, 음식 알레르기/과민증, 감염 또는 소화 효소 부족까지 아우를 수 있다. 그레이트 덴, 셰퍼드, 골든리트리버, 콜리 등의 일부 반려견 품종은 특정 소화기 문제에 더 취약하다.

위장관, 주로 위장과 창자의 염증이나 감염인 급성 위장염은 반려견이 변질되었거나 상한 음식 또는 지방 함유량이 높은 사람 음식, 독성 식물을 먹거나 이물질을 삼키거나, 내부 기생충, 스트레스, 음식 알레르기가 있거나, 반려견 사료용이 아닌 물질을 섭취하는 등의 원인으로 인해 단기적으로 발생하는 것이 보통이다.

대장염의 의학적 정의는 결장의 얇은 막에 발생하는 급성 또는 만성 염증을 가리킨다. 대장염은 편충(기생충), 종양이나 폴립, 음식 변경, 알레르기(음식 알레르기 포함), 이물질 삼킴 및 기타 특정 질환 등으로 인해 발생하는 경우가 가장 많다. 5세 미만의 반려견에게서 흔하게 발병하는 대장염은 대장에 염증을 유발해 대변을 자주 보게 만들고 대변 배출 시 통증을 유발할 수 있다. 또한, 점액과 혈액이 섞인 설사를 하는 경우도 있다.

변비에는 운동 부족, 탈수 및 뼈나 기타 이물질 등 소화시킬 수 없는 물질을 먹거나 섬유소가 극히 부족한 음식을 섭취하는 것 등의 여러 원인이 있다.

감염, 내부 기생충, 스트레스, 반려견 음식 변경, 사람이 먹다 남은 음식이나 기름진 간식, 쓰레기 더미에 있는 상한 음식 섭취, 장기 기능장애 등으로 인해 설사가 유발된다.

췌장(위 뒤쪽에 있는 긴 사다리꼴의 분비샘)의 염증이나 감염은 췌장염인데, 원인을 알 수 없는 경우가 많다. 잠재적 원인에는 기름지거나 지방 함량이 높은 사람 음식 급식, 감염, 질환 또는 외상이 있다.

외분비성 췌장 기능 부전은 체중감소, 식욕증가, 대량의 무른 변 등을 특징으로 한다. 소장 흡수 장애로 인해 소장에 염증이 있을 경우 영양소 흡수를 저해하여 지속적인 설사, 체중감소, 식욕감퇴 등을 일으킬 수 있다.

1. 개

1) 식도 질병

(1) 식도염(esophagitis)

종종 식도에도 염증이 생기는 수가 있다. 뜨거운 음식을 먹거나 혹은 자극적인 화학물질이나 위산이 역류해서 식도 점막 세포를 다치게 하면 식도에 염증이 생긴다. 식도에 염증이 생기면 구역질이 나고 침을 흘리고 음식을 삼키는 것을 싫어한다.

(2) 식도 이물

갈비뼈, 탁구공, 바늘 같은 이물을 꿀꺽하고 삼키다가 식도에 걸리는 강아지들이 종종 있다. 이러한 경우 응급상황으로 속히 치료하지 않으면 생명이 위험하게 된다. 식도에 이물이 걸리면 침을 흘리고 음식을 삼키지 못하고 토하며 목을 아파한다.

(3) 거대식도

어떤 질병이나 혹은 유전에 의해 식도가 늘어진 경우가 있다. 식도가 크게 늘어나서 거대식도라고 부르는데, 음식을 먹으면 늘어진 식도에 고여 있다가 입으로 게워 내는 특징이 있다. 따라서 음식을 먹지 못하고 살이 빠지고 때에 따라 음식물이 기관으로 넘어가 폐렴을 일으키기도 한다.

2) 위장의 질병

(1) 급성 위염과 출혈성 위장염

갑자기 심각한 구토 증세를 보이는 경우가 있는데 이러한 것은 음식물의 자극이나 세균 또는 바이러스와 같은 병원균에 의해 위의 점막 세포가 손상된 때문이다. 또한 심한 스트레스에 의해서도 위에 염증이 생겨 출혈을 보이기도 한다. 때에 따라서는 면역계통에 손상이 있어 위에 출혈을 일으키는 위장염으로 진행되기도 한다. 속히 치료받으면 완치되는데 방치하면 위험하다.

(2) 위 내 이물

강아지는 특히 아무거나 가리지 않고 먹는 습성이 있어 이물을 삼키는 경우가 많다. 장난감이나 스타킹은 물론 심지어 바늘이나 칼을 삼키기도 한다. 이유 없이 구토를 할 때는 위 내 이물이 있는 경우가 종종 있다. 위안에 이물이 있으면 위 점막이 자극되어 구토와 구역질이 나타난다. 강아지에서는 다른 증상을 수반하지 않고 급성 구토를 보이는 경우 위 내 이물이 있는 경우가 많다. 대부분은 수술로 치료되는 경우가 많다.

(3) 위 염전

위안에 가스가 차올라 위가 꼬이는 것을 위 염전이라고 부른다. 위가 꼬이고 가스가 더 차오르면 숨이 막히고 체액 대사에 이상이 생겨 쇼크로 사망하게 된다. 보통 대형 품종의 개에서 잘 발생하고 성품이 온화한 개보다는 예민한 개에서 더 자주 발병한다. 사료나 물을 한꺼번에 많이 먹고 난 뒤 곧바로 운동하거나 식이성 인자나 염증성 위장질환 등이 원인이 되어 위 운동의 장애 때문에 위가 염전된다. 응급상황으로 처치하면 회복할 수 있지만 치료 시기를 놓치면 생명이 위태롭게 된다.

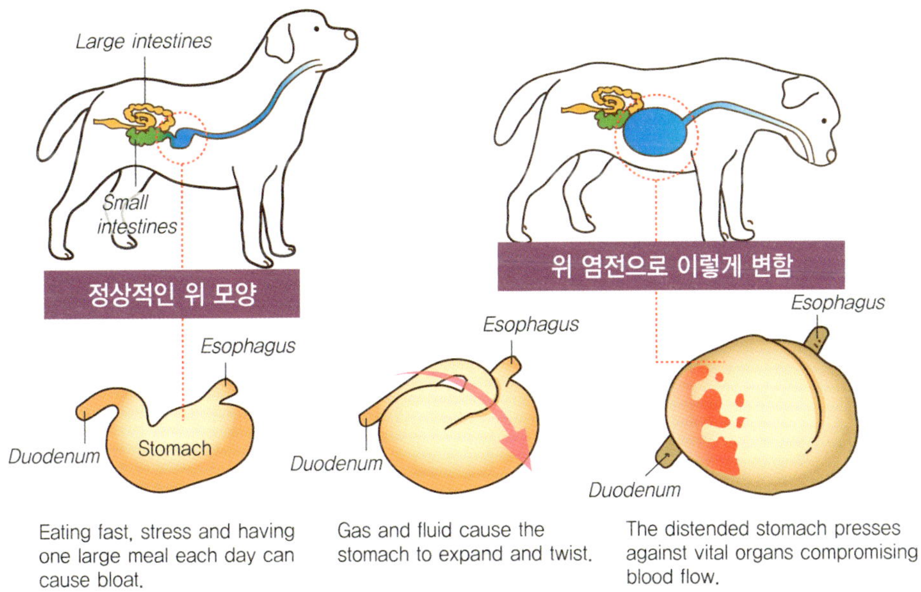

그림 7-1 개의 위 염전

출처: https://m.blog.naver.com/truthy2000/222345343941

(4) 위염(gastritis)

개의 위점막은 전체가 다 소화액을 분비하는 위선으로 구성되어 있으며 이로 인해서 개가 구토를 쉽게 일으키는 것으로 알려져 있다. 위염이란 이러한 위점막에 염증이 생긴 증상을 일컫는다.

① 원인

개는 먹이를 찾아다니는 선천적인 습성이 있으며, 이로 인해 강아지들은 아무 것이나 주워 먹기 때문에 위염을 일으키기 쉽다. 가장 심한 위염의 경우는 세균에 의해 발생되고 여기에 다시 아주 단단한 뼈 등이 위벽을 계속 자극하거나 음식물이 위 내에서 섞였을 때이다. 또한 홍역과 같은 바이러스가 관여되는 경우도 많으며 이 경우는 대개 다른 개에게도 전염이 된다. 최근 연구 결과들은 사람의 위염 원인 병원체인 Helicobacter 균종이 개에게서도 발견되며, 이로 인한 위염 및 위

궤양 유발의 가능성이 추정되고 있어 이에 대한 확인이 요구되고 있다.

② 증상

위염의 가장 중요한 증상은 구토이다. 정상적인 개라도 이유 없이 구토를 하지만 위염 시의 구토는 매우 심하며 수양성 구토물이 나온다. 심한 구토로 개가 침울해지고 탈수가 되면 혀의 앞부분이 갈색으로 변하며 세균이나 바이러스가 침입했을 때는 대체로 장염(enteritis)이 발병된다.

③ 예방 및 치료

강아지의 경우 이물질 등 아무것이나 먹지 않도록 주의를 해야 하며 닭 뼈와 같은 갈라지기 쉬운 뼈나 단단한 뼈 혹은 부패된 먹이 등을 주지 말아야 한다. 일단 위염에 걸리면 심한 구토를 하게 되어 개는 심한 스트레스를 받게 되고 탈수를 일으키게 되므로 구토를 방지해 주는 것이 급선무이나 이물질이나 중독성 물질을 먹었을 때에는 오히려 구토를 유도하는 것이 좋다. 진토제로는 메토크로푸라미드 제제 등이 있으며 위벽 보호제로는 비스무스 등이 있다. 치료 시 주의해야 할 사항은 탈수로 인한 체력약화를 방지하기 위해 음수에 전해질 제제를 용해하여 공급하거나 전해질액을 정맥주사해 주어야 한다. 그리고 광범위 항균제나 앰피실린 같은 제제를 병행하는 것도 2차 감염을 막아줄 수 있다. 치료기간 중에는 부드러운 음식이 좋으며 증상이 호전되면 점차 고형사료를 주는 것이 현명한 사양관리일 것이다.

3) 장염

(1) 기생충성 장염

기생충이 장을 자극하는 경우에도 장염이 생기게 된다. 대부분 자견 시기와 실외견에게 흔히 발생하는데, 일반적으로 회충, 흡충, 편충, 원충 등 기생충성 장염의 원인이 된다. 특히 원충에 의한 장염은 위험할 수 있다.

① 증상

단순하게 기생충에 의한 장염일 경우 설사나 구토 증상을 보이지만, 식욕은 좋은 것이 특징이다. 때로는 변으로 기생충이 나오면서 설사와 구토 등의 임상증상이 없는 경우도 있지만, 때에 따라 심한 경우 변에서 피가 배어 나오기도 한다.

② 원인

기생충만 감염이 되어 장염이 되는 경우도 있지만, 때에 따라 기생충에 의한 면역저하 현상에 의해 장염이 되기도 한다.

③ 대책

구충제를 꾸준히 먹이는 것이 좋다. 생후 15일부터 기생충 예방을 시작해야 하고, 심한 경우 한 번에 구충이 안 되므로 병원에서 현미경 검사나 기타 다른 검사를 통해서 정확한 기생충의 종류를 진단받고 주사 치료도 받아야 한다. 심장사상충과 기생충 예방을 위한 구충제는 다달이 먹이는 것이 좋다.

(2) 세균성 장염

① 증상

가장 흔한 장염의 원인은 세균에 의한 것인데, 심한 설사를 하게 된다. 주로 어린 강아지들이 세균성 장염에 잘 걸리며 배가 아프고 식욕이 없고 구토가 있을 수도 있다.

② 원인

흔히 이질균이라고 불리는 세균의 감염에 의해 장염이 된다. 이들 세균은 때에 따라 독소를 내기도 하여 심한 복통이 올 수도 있다. 대표적인 세균은 캠필로박터, 살모넬라, 클로스트리디움 등이 있다.

③ 대책

장염을 일으키는 세균들은 불결한 곳에서 잘 자라고 또 물을 통해 전파되기 때문에 소독을 잘하고 환경을 깨끗이 하면 예방할 수 있다.

(3) 바이러스성 장염

① 증상

바이러스가 장내로 들어와 장점막 상피세포에서 증식하며 점막세포를 손상시켜 증상을 일으키게 된다. 바이러스에 의한 장염은 순차적인 진행을 보이는데, 밥을 먹지 않다가, 구토를 하고, 설사와 혈변을 보이는 순서로 진행되는 경우가 많다. 구토와 설사가 심하면 몸 안의 수분이 빠져나가 목숨을 잃게 된다. 이러한 탈수 증상이 바이러스성 장염의 주요한 특징이다. 또한 바이러스가 장점막을 침범하는 동안 혈액이 섞인 설사를 하기도 한다.

② 원인

여러 가지 바이러스가 강아지에게 장염을 일으킨다. 파보, 코로나 등의 바이러스가 가장 흔한 원인이다.

③ 대책

바이러스는 초기에 치료해야 회복할 수 있다. 치료 시기가 조금이라도 늦으면 사망률이 높아지기 때문이다. 탈수와 쇼크를 막고 수액을 기본으로 치료하면 회복되는 경우도 많이 있다. 예방접종을 통해 바이러스 장염을 예방할 수 있다.

4) 대장염

대장염은 대장에 염증이 생긴 것으로 일반적인 장염과 다른 증상을 보이는 경우가 많다. 장염은 대부분 소장의 염증을 말하는데, 대장은 변을 담아두고 배설하는 기관이기 때문에 대장염으로 인한 증상은 배변을 어려워하는 증상을 보인다. 변을 시원하게 보지 못하고 여러 번 조금씩 나누어 보거나, 변을 볼 때 힘들어하고, 때로는 피가 묻어나오는 수도 있으며 설사를 수시로 하는 경우도 있다. 대장염의 원인은 심각한 스트레스와 알레르기, 세균, 기생충 등이다. 대장염은 장염보다 증상은 심하지 않지만 오래도록 낫지 않고 만성화되는 경향이 있다.

5) 췌장염

췌장은 십이지장 옆에 붙어 있고 소화액을 분비하는 기관이다. 간혹 한꺼번에 고기를 많이 먹고 심한 구토를 하면서 몹시 배를 아파하는 개들이 있다. 이런 경우 췌장염을 의심해 볼 수 있다. 한 번에 많은 양의 지방음식을 먹게 되면 췌장에서 지방을 소화하기 위해 많은 소화액을 분비하다 췌장에 염증이 생기는 것이다. 급성 췌장염은 아주 심각하여 사망할 수도 있지만 적절한 치료로 회복되는 경우가 대부분이다.

6) 항문낭 질병

(1) 항문낭(항문분비샘)

개에게 있는 특이한 구조물로 항문 양 옆에 항문낭(anal sac)이 있는데 항문낭은 개 특유의 냄새가 나는 곳이다. 이곳에서 분비되는 항문낭 액은 적을 쫓거나 자신의 영역을 표시하는 역할을 하는 것으로 야생동물의 영역 표시 방법으로 사용되던 것으로 추정된다. 애완동물의 경우에 항문낭은 냄새와 항문낭 염증의 원인이 되기 때문에 정기적인 관리가 필요하다.

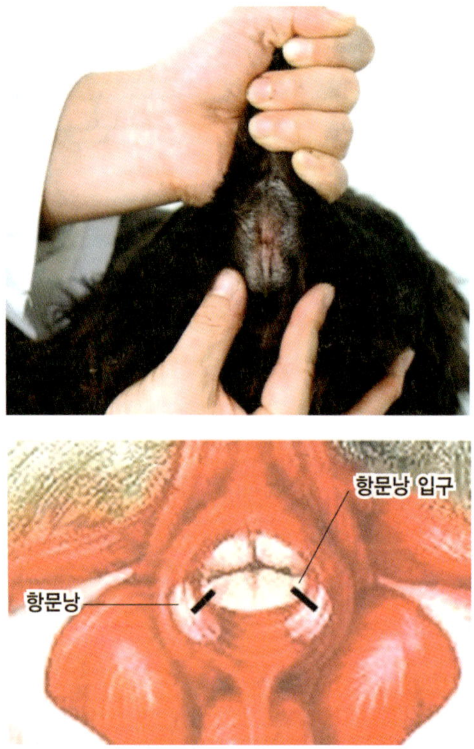

그림 7-2 개의 항문낭

출처: https://pomelove.com/Study/487

(2) 항문낭 짜주기

① 주로 목욕하기 전에 실시하는 것이 좋다.

② 개를 움직이지 않게 한 후 꼬리를 잡아 들어 올린다.

③ 오른손으로 항문 부위에 휴지를 덮는다. 항문의 조금 아래에 엄지손가락을 시계로 8시 방향에 두고, 나머지 손가락은 4시 방향에 둔다.

④ 연속적으로 엄지와 다른 손가락도 함께 가까이 대어 개의 항문 주변을 향하여 안쪽에서 바깥 위쪽으로 밀어 올린다. 항문낭에서 액이 나오면 종이로 닦아 준다.

⑤ 이러한 방법을 2-3회 반복하여 항문낭액을 완전히 제거한다.

⑥ 항문 주위에 조금 묻어 있는 항문낭액은 목욕 시 닦아낸다.

(3) 항문낭 염증이 있는 경우

항문낭 염증이 있는 경우 개의 항문 주위에 역한 냄새를 풍기는 액들이 흘러나와 묻어 있는 경우가 많으며 개는 항문이 가려워 바닥에 항문을 비비는 행동을 자주 보인다. 동물병원에 내원하여 치료를 받아야 하며, 심한 경우에 항문낭을 제거해 주는 수술을 받는 것이 좋다. 제때 치료나 수술을 받지 않는 경우에 항문낭 염증의 악화로 항문 주위 괄약근 손상으로 배변이 흘러나오는 어려운 상황을 맞을 수 있다. 시츄, 퍼그, 슈나우저 등에서 자주 항문낭 염증이 발생하는 것으로 보고되고 있다.

7) 개 파보 바이러스 감염증(canine parvo virus infection): 개과 동물 감염증

개와 늑대, 여우와 코요테 등의 개과 동물과 족제비, 밍크, 페럿 등의 족제비과 동물에 전염력과 폐사율이 매우 높은 질병으로 어린 연령의 개일수록, 백신 미접종의 개체일수록 증상이 심하게 나타나며, 심한 구토와 설사가 따르므로 강아지에게는 치명적인 질병이다.

① 원인

개 파보 바이러스가 원인체로 감염된 개의 변을 통해 접촉이나 경구적으로 전염이 이루어지며 주요 증상은 출혈성 장염의 형태로 많이 나타난다. 다행히 사람에게 전파되지 않는다.

② 증상

- 심장형: 3~8주령의 어린 강아지에서 많이 나타나며 심근 괴사 및 심장마비로 급사하기 때문에 아주 건강하던 개가 별다른 증상 없이 갑자기 침울한 상태로 되어 급격히 폐사되는 것이 특징이다.
- 장염형: 8~12주령의 강아지에서 다발하며, 구토를 일으키고 악취 나는 회색 설사나 혈액성 설사를 하며 급속히 쇠약해지고 식욕이 없어진다. 강아지의 경우 설사에 의한 급속한 탈수로 인해 발병 24~48시간 만에 폐사되는 수가 많다.

③ 예방 및 치료

개 종합백신 DHPPL 예방접종이 최선의 방법이다. 파보 바이러스 감염증도 다른 바이러스성 질병과 마찬가지로 일단 발병되면 치료가 쉽지 않으며 철저한 예방을 해야 하는 질병이다. 강아지에게 심장형으로 왔을 때는 급사하기 때문에 치료가 불가능하며, 장염형으로 나타났을 때는 구토와 설사로 많은 체액이 손실되어 지속적인 체액공급이 필요하므로 전해질 제제를 투여해 주는 것이 좋다. 또 세균에 의한 2차 감염을 막기 위해 항균제를 주사해 주는 것이 좋으며 면역증강제를 투여해 주는 것도 좋다. 그러나 가장 좋은 것은 사전에 예방을 해주는 것으로 파보백신을 미리 접종해서 강아지에게 면역력을 생기게 해주는 것이다. 그리고 철저한 소독으로 바이러스까지 잡는 소독약을 사용해서 견사 및 동물을 소독해 주어서 질병의 전염을 막아야 한다.

그림 7-3 개 파보 바이러스 감염증

출처: https://kkogi-blog2019.tistory.com/31

8) 개 전염성 간염(canine infectious hepatitis): 개과 동물 감염증

개와 늑대, 여우와 코요테 등의 개과 동물과 족제비, 밍크, 페럿 등의 족제비과 동물에 감염되며 개 홍역(distemper)과 유사한 증상을 나타내는 질병이다. 강아지 때 급사되는 경우를 제외하고는 사망률이 10% 정도로 가볍게 내과 하는 경우가 대부분이며 국내에서 판매되는 백신에 의하여 비교적 잘 방어가 되는 질병이다.

① 원인

canine adenovirus에 속하는 개 전염성 간염 바이러스(infectious canine hepatitis virus) 감염이 원인이다. 병든 개의 오줌을 통해 배출된 바이러스에 접촉하거나 바이러스의 경구감염으로 전파된다. 다행히 이 바이러스는 사람에게 전파되지 않고 사람의 감염 바이러스와는 종류가 다르다.

② 증상

잠복기는 5일 정도 되며, 발병되면 고열이 나고 눈 점막의 충혈, 편도선의 부종, 그리고 구토나 설사가 발생될 수도 있다. 정도에 따라 황달이 나타나며 7일 정도 지나면 회복기에 들어가는데 이때 눈의 각막이 희게 또는 자줏빛으로 흐려지는 경우가 많으나 2차 감염이 없는 한 회복되면 자연히 맑아진다.

③ 예방 및 치료

개 종합백신 DHPPL 예방접종이 최선의 방법이다. 병성이 약한 질병이기 때문에 치료가 대체로 쉬우며 개의 체력보강과 소화 · 식욕촉진을 위해 대사촉진제의 사용과 소화제, 면역촉진제 등을 주사해 주면 도움이 된다. 그리고 2차 세균 감염 방지를 위해 광범위 항균제를 병행하는 것이 현명한 방법이다. 예방 및 치료 시에는 동물 몸에 직접 뿌릴 수 있는 전문 소독약제를 희석하여 동물과 견사 주위에 살포하면 방역에 큰 도움이 된다. 물론 최대의 예방법은 DHPPL 종합백신을 정확한 시기에 접종하는 것이 중요하다.

9) 개 코로나바이러스 장염(canine coronavirus infection): 개과 동물 감염증

개와 늑대, 여우와 코요테 등의 개과 동물과 족제비, 밍크, 페럿 등의 족제비과 동물에서 전염성이 강하고 구토와 설사를 주 증상으로 한다. 개 파보 바이러스 감염증과 증상이 유사하여 감별 진단이 필요하다. 다행히 사람에 감염되지 않는다.

① 원인

1970년 초 독일에서 처음 개 코로나바이러스(canine corona virus, CCV)를 분리하였으며 개과에 속하는 모든 동물에 감수성이 높고 실온에서 병든 개의 분변 내에 있는 병원체는 6개월 이상 감염력을 가진다. 그러므로 오염된 먹이나 분변을 섭취할 수 있는 불결한 장소에서는 소화기 감염이 쉽게 일어날 수 있다.

② 증상

모체이행항체의 역가가 방어능력 이하로 떨어지는 4~16주에 주로 발병한다. 뚜렷한 임상증상이 나타나기 전의 초기증상은 무기력, 발열, 식욕결핍이 나타나고 임상증상이 나타나는 시기(바이러스가 혈액 내에 나타나는)에는 장점막 섬모의 괴사와 탈락으로 분비성 설사와 구토증상을 보인다. 파보 바이러스에 비하여 열이나 혈액변의 발생은 약하게 나타나고 때로는 복부 내 가스가 차서 통증을 보일 때도 있다.

③ 예방

개 코로나바이러스 예방접종을 실시하는 것이 최선의 방법이다. 다른 바이러스 질병과 마찬가지로 철저한 예방이 우선이므로 대규모 사육이나 지저분한 시설에서는 소독을 철저히 하는 것이 최우선의 예방책이라고 할 수 있다. 또한 탈수에 대한 대책으로 전해질 제제를 투여하며, 세균의 2차 감염을 막기 위해 항균제를 투여하고, 면역증강제를 같이 투여하는 것이 좋다.

그림 7-4 개 코로나바이러스 감염증

출처: https://www.donga.com/news/Society/article/all/20211105/110094567/1

10) 원충감염(protozoa infection)

(1) 지알디아증(Giardia infection)

주원인은 *Giardia canis*이며 2개의 핵과 편모를 가진 이자형의 원충으로서 개의 상부소장에 기생하면 돌발적으로 악취가 나는 수양성 설사와 식욕감퇴를 주증상으로 하는 급성형과 만성적으로 흡수장애를 일으키는 만성형으로 구분된다.

지알디아 람블리아(*Giardia lamblia*)는 인간 및 다른 포유동물의 소장에 기생하며 전세계적으로 존재하는 원충이며 풍토성 또는 전염성 장관질환과 설사를 유발한다. 감염은 섭취한 포낭의 소장에서 영양체로 부화되어 일어나며 혈관을 타고 퍼지지는 않고 장관 상피에 붙어 있다. 개나 고양이의 지알디아(giardia)가 사람에 감염된다는 명확한 결론이 내려진 것은 아니지만 예방적으로 관리하는 것이 좋다.

분변으로 배출되는 포낭은 열이나 건조한 상태에서는 견디지 못하나 신선한 물에서는 수개월간 생존 가능하다. 염소 소독 수돗물에서 저항한다. 지알디아 감염증은 선진국이나 개도국이나 모두 흔하다. 사람 사이의 전파는 개인위생이 나쁜 공공장소나 동성연애자 사이에서 일어날 수 있다. 음식을 익혀 먹고 물을 끓이거나 정수함으로써 예방할 수 있다. 의심되는 증상을 보이는 경우는 동물병원에 내원하여 치료를 받도록 한다.

(2) 트리코모나스증

비위생적인 견사에서 사육되는 자견에 Trichomonas spp 편모를 가지며 운동성이 있는 원충이 감염되어 발생하는 질병으로서 수양성 설사를 유발하는 원인이 된다. 의심되는 증상을 보이는 경우는 동물병원에 내원하여 치료를 받도록 한다.

(3) 크립토스포리디아증(cryptosporidium infection)

콕시디아 속 원충인 크립토스포리디움(cryptosporidium)의 중요한 보균가축은 소이지만 개와 고양이의 분변에서도 검출되며 이 원충은 많은 동물을 감염시키고 감염된 동물의 대변으로 나온 낭포체는 전염성을 가지고 있다.

낭포체는 꽤 단단하며 소독약제 중 염소 소독제제에는 저항성을 가지고 있다고 보고되고 있다. 사람이나 동물의 분변 내에 전염성 낭포체와의 접촉을 최소화하는 것이 전염을 예방하는 최선의 길이다. 사람이 경구적으로 낭포체(oocysts)를 섭취하면 부화하여 포자소체(sporozoite)가 되고 이 포자소체는 장관상피 세포로 가서 감염을 일으킨다.

사람에서는 무증상이나 자연 치유되는 경향을 보이기도 하지만 심한 경우 위험할 수도 있으며 일단 감염되면 가족 구성원 간의 접촉, 동물의 분변에 의한 오염, 의료인 간의 접촉 등으로 전파된다. 최근에 정상인이나 AIDS 환자 등의 면역결핍증 환자에서 설사를 유발하는 것으로 보고되고 있다.

(4) 톡소플라스마증(toxoplasma infection)

톡소플라스마증은 편성세포 내 원충인 톡소플라스마 곤디(*Toxoplasma gondii*)의 감염에 의해 발생하며 대부분의 조류 및 포유동물에서는 불현성감염을 일으키지만 간혹 설사를 유발하거나 유산, 폐염, 건염, 안증상, 중추신경증상 등을 일으켜 디스템퍼와 혼돈될 수 있는 질병이다. 사람에 감염되면 인체의 면역능력에 따라 무증상에서 뇌염, 폐렴 등의 증상을 나타낼 수 있으며, 급성형으로 나타나거나 만성화될 수 있다.

① 생활사(life cycle)

이 원충은 비고양이 생활사와 고양이 생활사로 구분된다. 비고양이 생활사는 쥐, 양, 돼지 등의 중간 숙주 내에서 일어나는 무성의 타키조이트(tachyzoite) 형태로서 온혈동물에 기생하지만 고양이가 종숙주이다. 톡소플라스마 곤디(*T. gondii*)는 침투는 하지만 분열하지 못하는 적혈구를 제외하고는 모두 포유류의 세포 내에서 성장 가능하다. 이 기생충의 주 생활사는 고양이와 그 먹이에서 이루어진다. 인체의 감염은 트로포조이트(trophozoites)에 감염된 음식을 섭취하거나 고양이의 분변으로부터 나온 낭포체(oocyst)를 먹게 되어 발생한다.

② 병원성

사람이 임신기간 중에 감염된다면 태아의 1/3 정도가 태반감염될 수 있다고 보고되고 있다. 태반감염이 되면 사산되거나 신생아의 안구 질환을 야기할 수 있다. 고양이 또한 trophozites의 섭취에 의한 경구감염으로서 감염 후 1~2일부터 oocyste를 분변 내로 배설하며 급성 감염기 동안 고양이는 하루에 1억 개의 기생충을 배출한다. 바로 이러한 이유 때문에 임신한 산모는 고양이의 분변에 접촉하지 않아야 할뿐더러 고양이 분변통은 하루에 한 번씩 철저하게 세정해야 하는데 산모를 시켜서는 안 된다.

③ 치료

의심되는 증상을 보이는 경우는 동물병원에 내원하여 치료를 받도록 한다.

(5) 아메바증(entamoeba infection)

아메바란 무성생식으로 기생하는 원충류로서 크기가 10~60μ 정도인 이질아메바(*Entamoeba histolytica*)가 개, 고양이, 쥐, 돼지 등에 감염되어 대부분 무증상으로 경과되지만 급성으로 진행되는 경우 소화기관 내에서 궤양을 일으키며 점액성 설사를 유발하기도 한다. 세계인구의 약 10% 정도가 *E. histoltica*에 감염되어 있는 것으로 보고되고 있으며 전파는 오염된 물, 음식 혹은 손에 살아 있는 포낭을 섭취함으로써 감염되는 것으로 알려져 있다.

(6) 바베시아증(babesia infection)

진드기 매개성 주혈원충증(住血原蟲症)으로서 *Babesia canis*, *Babesia gibsoni* 등의 원충이 문제가 되며 주 증상으로는 발열, 빈혈증상, 혈색소뇨, 황달이 특정인 증상을 보이며 종대된 간이나 비장 등이 촉진된다. 인간이 감염되면 초기에는 비특이적인 발열질환으로 나타난다. 바베시아는 적혈구 안으로 들어가 말라리아와 형태적으로 유사하게 보인다. 야생동물과 가축에서의 바베시아 감염은 전 세계적으로 발생한다. 의심되는 증상을 보이는 경우에는 동물병원에 내원하여 치료를 받도록 한다.

11) 내부 기생충 감염증

개는 태반을 통하여 기생충에 감염되어 생후 20~25일 정도면 벌써 성충이 되어 충란을 배출시키는가 하면 신체의 면역 능력을 저하시켜 백신에 의한 항체가(antibody titer)를 높이는 데도 지장을 초래한다. 감염기 유충은 각 장기를 뚫고 다녀 통과한 부분에 염증을 유발하고 간이나 뇌에도 영향을 끼치게 되는 등 소모성 질환의 근본 원인으로서 작용한다. 개의 기생충은 일반적으로 충란에서 성충이 되는 데 3주일 정도가 소요되어 개가 종숙주인 기생충은 장내에서 증식이 되면서 생활사를 갖게 된다. 일반적으로 기생충은 다음과 같이 분류할 수 있다.

(1) 선충류(線蟲類)

선 형태의 모양을 한 견회충(*Toxocara canis*), 견소회충(*Toxocara leonina)*, 개편충(*Trichuris vulpis*) 등이 있으며 구충류(鉤蟲類)는 갈고리가 있는 형태를 갖춘 견십이지장충(*Ancylostoma caninum*), 비경구충(*Uncinaria stenocephais*)이 있다.

① 회충증

개에 있어서 가장 많이 감염된 선충류로서 모견의 체조직에 잠재하던 3기 자충이 임신 말기(42일경)에 태반을 통과, 태아에 감염되거나 아니면 분만 후 약 30일 정도 모견의 유즙을 통하여 배설되어 포유 자견이 감염되므로 생후 20일이면 대부분의 자견이 회충에 감염된 것으로 보아야 한다.

회충이나 개편충 같은 선충류가 감염되어 있으면 강아지에서는 빈혈이 심하게 나타나고 등은 야위나 복부는 팽팽하게 커진다. 생후 2~3주령의 강아지는 반드시 기생충 구제를 10일~15일 간격으로 최소 3회 이상 반복 투여하도록 하고 모견은 포유 중에는 자견과 동시에 구충제를 투약한다.

선충류의 감염이 심하면 영양탈취 및 유충의 체내 이행(larva migrans)으로 인한 기계적 자극에 의해 쇠약, 설사, 빈혈, 기침 등의 증상을 나타내며 피부병, 간장 장애, 복막염 등을 일으키기도 한다. 어린이들이 흙을 먹는 습관과 위생관념의 미흡 때문이겠지만 1~5세 정도의 어린이들에게 자주 발견되는 개회충증은 충란을 입으로 섭취하여 유발되는 것으로서 섭취된 충란이 유충이 되면 인체의 장관벽을 뚫고 지나가며 여러 조직을 이행하고 다닌다.

이들은 인체 내에서 정상적인 생활사를 갖출 수 없기 때문에 인체 면역계에 의해 파괴되지만 그전까지는 장관 내 이행이 지속된다. 대부분은 무증상으로 진행되지만 중추신경계와 심근에 호산성 육아종성 반응을 일으키기도 한다. 드물게는 발열, 체중감소, 기침, 폐, 발진 등과 더불어 전안구염, 포도막염, 맥락막염 등을 일으키고 실명하게 된다는 보고서도 있다.

이러한 이유로 공공장소에서는 분변 처리에 관심을 기울여야 할 것이며 보호자에게 개회충의 생활사를 알려주고 인체 감염성을 교육하여 분변 등에 오염되지 않도록 주의시킬 필요가 있다.

② 구충증

견십이장충 등의 충란이 외부에서 부화한 감염기 자충이 경피감염(피부를 통하여 감염), 또는 경구감염을 통하여 증상을 일으키며 주요 임상증상으로는 흑변, 심혈성 빈혈, 피부소양증 등이 있다.

(2) 조충류(條蟲類)

납작한 선 모양의 형태를 한 기생충으로서 긴촌충(*Diphyllobothrium latum*), 촌충(Echinococcus spp.), 일반조충(Taenia spp.), 두상조충(*Taenia pisifomis*), 고양이 조충(*Taeniataenia formis*), 다두조충(Multiceps spp.) 등이 있다.

① 개조충증

촌충(tape worm) 또는 충충류(Cestode)인 편절 기생충으로서 개조충(*Diylidium canium*)은 개에서 아주 흔하며 중간 숙주는 벼룩이다. 사람의 경우 우연히 이 유충을 지닌 벼룩을 섭식하여 발생하는 것으로 보고되고 있다. 조충이 기생할 때에도 선충의 기생 시와 비슷한 증상을 나타내며, 특히 이러한 조충은 사람, 특히 어린아이에 감염되는 경우가 많지만 대개 무증상으로 경과하고 소수의 경우에만 심한 복통, 소화 장애, 오심, 구토증상을 일으키며 경우에 따라서는 신경증상을 일으키기 때문에 철저히 구제를 해야 한다. 조충이 있을 때에는 대변이나 항문 주위의 털에 쌀알 크기만한 촌충의 편절들을 볼 수 있으며, 특징적인 증상으로는 장염이 심하게 나타나며 항문이 심하게 가려워 엉덩이를 땅에 끄는 행동을 하기도 한다.

② 단방조충, 다방조충

국내에서는 문제가 되지 않는 질병으로서 주로 양을 방목하는 목야지에서 사육되는 개들이 감염원이 될 수 있다. 단방조충, 다방조충(*E. granulosus*, multilocularis) 등의 충란을 섭식하여 감염된다. 인체에 섭식된 충란은 문맥순환을 거쳐 간, 폐 등 여러 장기에 포낭을 형성한다. 양과 개가 같이 있는 곳에서는 단방조충과 다방조충의 역학과 공중보건학적 관리에 관심을 갖고 주기적으로 변 검사를 통해 충란의 확인을 받아야 하고 감염된 개는 반드시 치료한다.

③ 포낭충

포낭충낭(echinococcal cyst)은 천천히 자라나는데, 공간점유 효과가 나타나기 전까지는 무증상이지만 포낭이 터지면서 황달, 발열, 소양감, 두드러기, 호산구 증가증, 과민반응으로 급사하거나 흉통, 각혈 등의 증세를 보인다. 사람은 이 포낭을 수술로 제거해야 하며 전 세계적으로 분포하는 것으로 알려져 있으며, 양이 중간숙주 역할을 한다.

개는 종숙주이며 개의 분변으로 나온 충란은 바로 감염을 갖는다.

(3) 흡충류(吸蟲類)

창형흡충(*D. lanceolatum*), 묘흡충(*O. tenuicollis*), 간흡충(*Fasciola hepatica*), 폐디스토마(*P. westermanii*) 등이 있다.

12) 장기 유주증(visceral larva migrans)

기생충은 알에서 부화하여 애벌레를 거쳐 기다란 성충으로 자라는데, 애벌레인 유충이 몸속에서 간이나 콩팥 등 장기로 옮겨 다니는 수가 있다. 이것을 장기 유주증이라고 부른다. 단순한 기생충 감염보다 위험해서 유충이 유주해 간 장기를 손상시키기도 한다. 대부분 선충류인 개회충(*Toxocara canis*, round worm)의 알을 먹게 되면 감염되는데, 학교에 다니기 전의 어린아이들(1~5세)에게 쉽게 감염된다.

개의 개회충 알이 사람의 입속에 들어가면 인체에서 알이 부화하여 유충이 되고 몸속의 장관벽을 뚫고 지나가며 여러 조직으로 돌아다니게 된다. 개회충은 사람의 몸속에서는 정상적인 생활사를 가지지 못하고 인체 면역에 의해 죽게 되지만 그전까지는 장기들 속을 돌아다니게 된다. 대부분은 증상이 없지만 때에 따라 유충이 뇌나 심장까지 침범해서 위험한 경우도 있다. 증상은 몸에 열이 나고 체중이 빠지고, 기침을 하거나 피부 발진이 있을 수 있고 눈에 통증을 일으킬 수도 있다. 유충이 눈에 들어간 경우에는 실명하게 된다.

기생충에 감염된 강아지는 감염된 강아지 생후 21일째부터 충란을 분변으로 배설하게 된다. 개회충은 대부분 태반감염을 통해 강아지에게 감염되므로 생후 2～3주령의 강아지와 어미 개는 반드시 기생충을 치료해야 한다.

2. 고양이

1) 구내염

① 원인

구내염을 일으키는 원인은 다양하지만 전염성 전신 질병을 유발하는 전염병에 걸린 경우와 치석이나 이것으로 인한 세균 감염, 진균(곰팡이) 감염, 비타민 결핍,

신장병 그리고 자기면역질환 등이 원인이 될 수 있다.

② 증상과 치료

증상은 침을 흘려 입 주위가 지저분해지며, 입의 통증으로 사료를 먹고 싶어도 먹을 수 없다. 치료는 원인 치료가 바람직하지만, 전신 전염성 질환인 경우에 의한 구내염이라면 대증치료를 한다.

2) 모구증(hairball, 헤어볼)

① 원인

고양이는 자기 털을 핥고 다듬는 습관이 있어서 털을 많이 삼키게 되는데, 털은 소화가 되지 않으므로 변과 함께 배출되기도 하지만 배출되지 않은 털은 위에 남아 서로 엉키게 된다. 이것을 모구증이라 하고 야구공보다 단단하며 크기도 다양한데 위나 기도에 생기기 쉬우며 발생 빈도는 50~80%에 이른다. 자기 털을 유난히 자주 핥거나 길고 굵은 털을 가진 고양이들이 헤어볼 또는 모구증(毛球症)이 발생할 확률이 더 높다.

② 증상

크기가 작은 경우에는 별문제가 되지 않으나 커지면 소화 기능이 저하되고 심하면 장을 막을 수도 있다. 헤어볼은 소화가 불가능하므로 고양이들은 입으로 뱉어내려고 애를 쓴다. 기침을 하며 입을 벌리고 헛구역질을 하거나 토한다. 주로 나타나는 증상은 설사, 변비, 또는 잦은 구토 등이다.

③ 모구증 발생을 증가시키는 요인

- 봄, 가을 털갈이 철이 한창일 때

- 피부나 털이 건강하지 못할 때
- 스트레스가 심할 때
- 어미 고양이가 갓 낳은 고양이 털을 핥아 주는 시간이 길 때
- 주인이 고양이 털을 충분히 빗질해 주거나 다듬어 주지 않을 때

④ 모구증 예방법

털갈이 철을 비롯해 평소 브러시 질을 자주 해주는 것이 효과적인 예방이며 고양이에게 물리적인 부담을 주지 않는 환경을 조성해서 스트레스 탈모를 줄인다. 수의사의 정기적인 검진도 필요하다. 최근에는 고양이 사료에 모구증 제거 성분이 포함된 사료가 시판되고 있어 이러한 사료의 급여로 질병의 예방에 도움이 된다.

⑤ 치료

심하지 않은 경우 모구증 제거제를 먹이고 이로써 해결이 되지 않는 경우 외과적 수술을 한다.

⑥ 모구증 제거제

사하제, 윤활제, 효소 섬유질 등

3) 고양이 전염성 복막염(feline infectious peritonitis, FIP): 고양이과 동물의 감염증

고양이과 동물들에만 감염이 이루어진다. 고양이 코로나바이러스가 원인으로 생기는 병으로 전신의 장기를 침입한다. 복막염으로 인해 복수가 차거나, 가슴에 물이 차는 경우가 있다. 또 복수나 물이 가슴에 차지 않는 경우도 있으며, 눈이나 뇌에 이상이 생기는 경우도 있다. 병이 진행해도 비교적 식욕이 있는 경우가 많으

며, 증상이 나타난 고양이는 서서히 쇠약해지고 회복의 기미가 없어져 버린다.

4) 톡소플라스마

톡소플라스마병(toxoplasmosis)은 인수공통 원충에 의한 전염병으로 사람과 고양이에 공통된 인수공통감염병이다. 원충은 고양이 몸 어딘가를 침입, 발열, 폐렴, 설사, 간장애(황달) 등의 여러 가지 증세를 일으킨다.

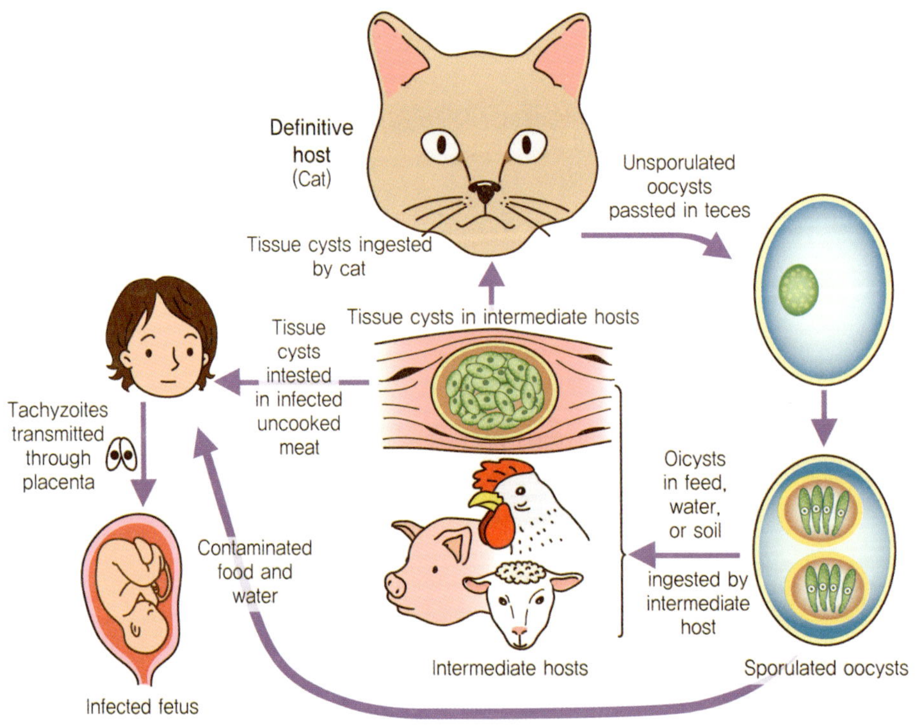

그림 7-5 톡소플라스마 기생충의 생활주기

출처: https://eyeamfinethankyou.com/505

① 생활사와 형태

반달형 모양의 원충으로 원충은 동물계와 식물계의 중간 단계에 해당하는 생물이다.

② 인체 감염경로

- 후천성 감염: 식육(食肉) 중에서 외계에 분산하여 흙이나 식품 중에서 경구섭취. 잘 익혀지지 않은 상태의 돼지고기 또는 고양이 분변에서 유래한 것. 육회와 육즙에 의한 것과 자연계에 살포되어 있는 오오시스트의 섭취가 인체감염경로이다.
- 선천성 감염: 톡소플라스마 원충에 감염된 임산부에서 태반을 통하여 태아에 감염. 임신 초기에 감염되면 태아의 사망률이 높으며 눈의 톡소플라스마병으로 실명

③ 병원성

모체로부터 감염된 신생아에서는 뇌수종, 뇌염 등의 치명적인 증상을 일으킨다. 임산부의 경우에 유산, 사산 등의 치명적인 결과를 얻을 수 있어 고양이를 사육하는 가정에서는 임산부가 있는 경우에 톡소플라스마 구충에 각별한 주의가 요망된다.

- 점병원체: *Toxoplasma gondii*
- 반달형의 영양형, 원형 또는 타원형의 포낭형
- 고양이의 장 상피세포에서 유성생식이 이루어지며 오오시스트가 분변에 배출
- 종 숙주: 고양이 ↔ 여러 포유동물 및 조류(중간숙주 또는 운반숙주)
- 동물감염: 피해를 가장 많이 받는 가축은 돼지와 소이다.

④ 예방

고양이에게 쥐나 육류를 먹이지 말아야 하며, 그 배설물의 처리를 철저히 한다. 수육 내 포낭의 경우는 -14℃에서 3시간 이상 있어야 사멸된다(냉장시설 불안전). 사람은 육회를 통하여 주로 감염되므로 주의를 요한다. 자연계는 톡소플라스마의 오염 원천이라고 할 수 있다.

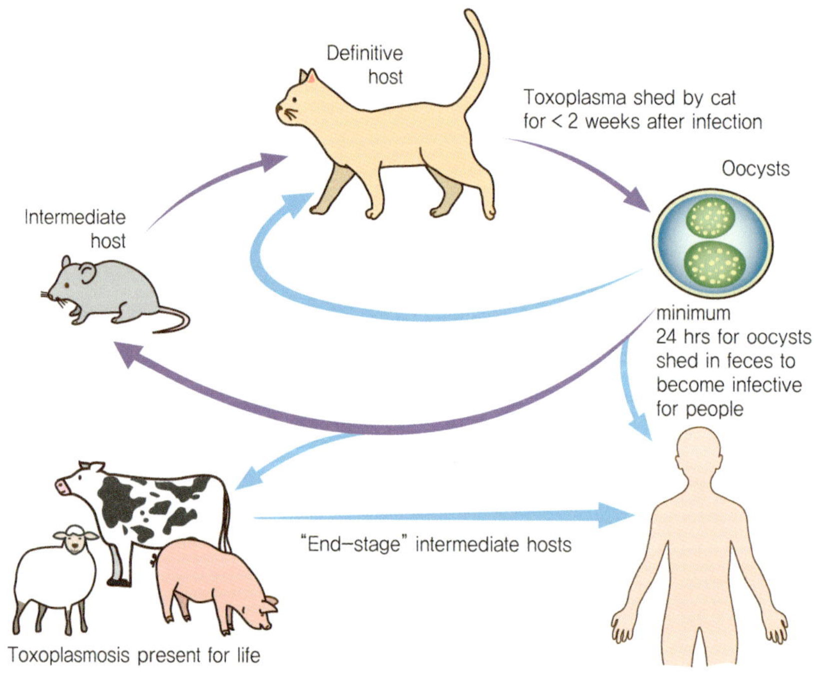

그림 7-6 톡소플라스마의 감염경로

출처: https://normalvalue.tistory.com/92

5) 회충

① 생활사와 형태

고양이 회충은 고양이가 회충 충란에 오염된 음식물 등의 섭취를 통하여 전염된다. 섭취 후 회충의 알(egg)은 부화하여 자충이 되어 소장을 뚫고 복강으로 나와 다시 간장이나 피하로 파고들어 간다. 그리고 다시 폐를 거쳐 기관지를 지나 다시 소장에 들어가서 회충으로 성장한다. 이렇게 회충의 자충은 고양이의 몸을 돌아다니면서 성장해 가기 때문에 내부 장기는 치명적인 손상을 입게 된다. 또한 고양이 회충은 어미의 태반을 거쳐서 자궁에 있는 태아에 감염될 수 있다. 드물지만 고양이의 몸을 돌고 있는 중에 뇌로 이행되어 자라는 경우도 있다.

② 예방 및 치료

회충감염은 어린 고양이에게 특히 피해가 크기 때문에 어린 고양이는 동물병원을 방문하여 건강진단과 분변검사를 받아 보아야 한다. 생후 4~6주경에 구충한 후 생후 4개월이 되면 3주 간격으로 구충제를 투여한다.

6) 조충

고양이 조충은 길이가 15~40cm로 체절을 가지고 있으며 고양이의 소장에 기생한다. 오이씨 모양의 편절 또는 조충 자신이 신축운동을 하면서 항문을 통해 기어 나온다. 배설된 알(egg)은 쥐(또는 토끼)의 입을 통해 쥐의 몸 안으로 들어간다. 그 쥐를 고양이가 잡아먹게 되면 소장 벽에 기생하여 성충이 된다. 쥐나 토끼가 중간 숙주로 전염의 매개가 된다. 또한 조충의 전염은 벼룩이나 이와 관련이 있는데, 조충의 알은 벼룩에게 잡아먹혀 그 안에서 발육한 뒤 벼룩이 성숙하여 흡혈을 할 때 감염능력을 가지게 된다. 고양이가 자기의 몸을 핥을 때 감염된 벼룩이 입으로 들어가 감염을 일으키게 된다.

7) 콕시듐 감염증

몸이 약한 고양이가 감염되면 증상이 특히 심하며 장에 많은 병변을 일으킨다. 감염 후 3~5일 정도의 잠복기를 거친 뒤 수양성(watery) 설사가 시작되고 식욕 저하 또는 아무것도 먹지 않고 심한 점액성 혈변을 배출한 후 결국 사망하게 된다. 고양이 변을 통해 배출이 되므로 변은 바로 치워야 하며, 고양이 식기나 용품은 뜨거운 물로 열탕 소독을 하여 다른 고양이가 감염되지 않도록 주의를 해야 한다.

3. 토끼

1) 콕시듐병

(1) 간 콕시듐

*Eimeria Stiedae*의 감염에 의한 것이다. 이 병에 걸리면, 간장이 크게 부어오르는 동시에 간장에 종양이 생긴다. 또 담낭의 내용물을 현미경으로 조사해 보면, *Eimeria Stiedae*의 낭포체가 관찰된다. 식욕부진, 복부 팽창, 설사, 황달, 갑작스런 죽음이 나타난다.

(2) 장 콕시듐

*Eimeria coecicola, E. flavescens, E. intestinalis, E. irresidua, E. mldia, E. piriformis*의 감염에 의한 것으로 알려져 있다. 기생하는 부위는 소장, 공장, 회장, 맹장, 결장이고 콕시듐의 종류에 따라 사망률이 높은 것에 이르기까지 다양하다. 감염된 경우라면, 어떤 경우든 질병 중에 낭포체가 확인된다. 단지 건강한 토끼라도 감염

되어 있는 경우가 많기 때문에 소량의 낭포체가 확인될지라도, 토끼에 이상이 발견되지 않는 경우는 많이 걱정할 필요가 없다. 심한 감염이 있으면 심각한 설사와 죽음을 초래한다.

2) 모구증(헤어볼)

토끼는 털갈이를 심하게 하며 자신이 털 손질을 하면서 털을 먹게 된다. 위에서 뭉쳐지게 되면 위의 유문부를 폐쇄시키게 된다. 처음에는 식욕이 없어지게 되다가 배변량이 점차 작아지고 털이 섞여 나오기도 하다가 점차 배가 부풀어져 죽을 수도 있다. 예방법으로는 입자가 큰 건초를 매일 자유급식 시키며, 운동을 시키고 빗질을 하여 털을 정리해 준다. 고양이와 마찬가지로 토끼도 자신의 털을 핥아 먹어 장내에서 털이 공처럼 단단히 뭉치는 모구증이 발생할 수 있다.

① 증상

분변에서 털이 섞여 나온다. 식욕이 없어지고 배변량이 적어진다. 배가 부풀어 올라 폐사할 수도 있다.

② 예방

큰 건초를 매일 자유 급여하여 섭취시켜 섬유소를 공급해 주어 배변 활동을 유발해 준다. 운동을 시킨다. 빗질을 자주 해주어 털을 정리해 준다. 영양 불균형으로 털을 물어뜯을 수 있어 영양을 골고루 공급시켜 준다. 지루함으로 인해 나타날 수 있어 장난감을 공급시켜 지루함을 덜어준다.

토끼가 털을 뽑는 이상 행동장애

토끼가 털을 씹거나 뽑는 행동을 보이는 경우에는 대부분 낮은 섬유소 식이 공급이 원인이다. 이 경우에는 충분한 섬유소를 제공해 주어야 하며 펠렛과 함께 건초를 충분히 공급해 주어야 한다. 또한 위산중화작용이 있는 산화마그네슘 0.25%를 사료로 함께 공급하면 효과가 있다. 일부의 경우에는 심심해서 털을 씹는 경우도 있는데 이 경우에는 장난감이나 치아를 갈 수 있는 나뭇가지 및 미네랄 스톤을 공급해 주면 좋다.

4. 햄스터

1) 세균성 장염

세균성 장염은 햄스터에서 가장 흔하게 발생하는 질병이다. 주로 설사 증상을 보이며 항문 및 꼬리 주변이 지저분해진다. 햄스터에서 설사 증상이 있는 경우에는 빠르게 사망할 수 있으므로 동물병원에서의 치료가 필요하다.

2) 증식성 회장염(wet tail)

증식성 회장염(proliferative ileitis) 또는 wet tail은 세균 감염 혹은 햄스터의 위나 장에 있는 정상적인 세균의 불균형 때문에 나타나며 종종 설사와 혼동되기도 한다. *Lawsonia intracellularis* 세균 감염에 의해 발생한다. 이 병에 걸린 햄스터는 설사를 하여 햄스터의 항문 주위는 물론 꼬리까지 젖거나 지저분해진다. 설사는 강한 악취를 풍긴다. 대변은 창백한 색깔이며 매우 부드럽고 점액이 섞여 나오기도 한다. wet tail은 스트레스와 관련된 질병으로 추정되며 종종 이유 시기인 3~8주령의 어린 햄스터에 많이 나타난다. 초기의 임상증상은 허약하고 무기력해지며 식욕 결핍과 설사 증상이 나타난다. wet tail에 걸린 햄스터는 병 그 자체보다는 탈수로 죽거나 혹은 음식을 먹지 않아서 죽는다. 또한 wet tail은 심한 설사로 인해 직장이 항문 밖으로 빠져나오는 직장 탈출증을 일으키기도 한다. 심한 경우에는 증상이 나타난 후 24시간 이내에 죽게 되며 항생제, 지사제, 수분공급 등의 방법으로 치료한다. 주위 환경이 축축하게 젖게 되면 더 빨리 악화되기 때문에 주변을 항상 청결하고 건조하게 유지시켜 주어야 한다. 오염되지 않은 깨끗한 물을 항상 공급해 주고 되도록이면 초기에 치료를 해주는 것이 좋다.

※ Wet Tail은 이유 시기인 3~8주령의 어린 햄스터에게 주로 발생하는 설사병으로 *Lawsonia intracellularis* 세균 감염에 의해 발생한다.
※ 햄스터에서 심한 장내 기생충 감염은 장 폐색을 일으켜 폐사할 수 있다.

햄스터에서 항생제 사용

일반적인 포유동물의 경우 장내 세균이 그람 음성 세균으로 구성되어 있으나, 햄스터는 그람 양성 세균도 가지고 있기 때문에 항생제를 사용할 때에는 신중하게 투여되어야 한다.

3) 티저병(Tyzzer's disease)

Clostridium piliforme 세균 감염에 의해 발생하는 소화기 질병으로 증식성 회장염(wet tail)과 비슷한 증상을 보인다. 식욕감소, 탈수, 수양성 설사 등의 증상을 보이며 갑자기 사망한다. 햄스터가 어리거나 또는 과도한 스트레스 상황에서 더 잘 걸릴 수 있다.

4) 기생충성 질병

햄스터에서 가장 중요한 내부 기생충은 왜소조충인 *Hymenolepis nana* 감염이다. 주로 소장에서 생활하고 분변을 통해 충란을 확인할 수 있다. 사람에게도 감염되는 인수공통감염병으로 햄스터에서 장 폐색을 일으켜 사망에 이를 수 있다.

5) 설사

① 증상

대변이 묽다. 항문 주위에 대변이 묻어 있다. 무기력하고 탈수증상을 보인다.

② 예방

식단을 골고루 공급한다. 수분이 많은 먹이를 피하여야 한다. 청결한 먹이로 교체해 준다.

5. 페럿

1) 헬리코박터 위염(Helicobacter gastritis)

Helicobacter mustelae 세균은 페럿의 위와 소장에 기생하며, 사람에서 위궤양과 비슷하게 만성적으로 위에 염증을 일으킨다. 만성 위염이 지속되는 경우 위 림프종, 위암으로 진행된다. 식욕결핍, 혈액이 섞인 구토, 이갈이, 설사, 혈변, 침 흘림, 복부통증 그리고 만성적인 체중감소 증상이 나타난다. 생검 및 조직검사를 통

해서 감염 여부를 진단할 수 있고 최소 21일 이상 항생제 복합 투여에 의해 치료할 수 있다.

2) 증식성 장 질병(proliferative bowel disease, PBD)

증식성 장 질병은 1년 이하의 어린 페럿에서 발생한다. 세포 내 기생 세균인 *Lawsonia intracellularis*(Desulfovibrio sp.) 감염에 의해 발생하고 이 세균은 회장과 결장에 기생한다. 만성적인 설사와 심한 체중감소를 일으키고, 항문과 꼬리 부위는 설사로 인해 지저분하게 젖어 있다. 체중감소는 빠르게 진행되고 체중의 12~54%가량이 감소된다. 만성적으로 감염이 진행된 경우에는 만성 설사, 이급후중, 직장탈장 등의 증상을 보인다. 복부를 손으로 촉진하면 두꺼워진 결장과 장간막 림프절이 커진 것을 촉진할 수 있다. 2-3주간의 항생제를 투여하여 치료할 수 있다.

3) 인슐린종(insulinoma)

인슐린종은 췌장에서 인슐린을 분비하는 곳에 생기는 작은 종양으로 페럿에 흔히 발생하며 저혈당증을 일으킨다. 성별에 관계없고 주로 3살 이상에서 발생한다. 증상은 기운이 없고 다리에 부분적인 마비 증상으로 인해 걸을 때 비틀거리게 된다. 혈당 수치가 60mg/dl이면 인슐린종을 의심해야 한다. 페럿의 정상 혈당 수치는 94-207mg/dl이다. 수술을 통한 종양 제거가 효과적이지만 종양의 크기가 작아서 수술적 제거는 어렵다. 인슐린 분비를 억제하는 약물을 사용하는 내과적 치료 방법이 좋다.

4) 비장 종대(splenomegaly)

비장 종대는 성장한 페럿에서 흔히 볼 수 있다. 일반적으로 건강한 페럿에서도 적혈구 생성의 증가에 따라 비장 종대는 나타나며, 복부 촉진 시에 비장이 쉽게 만져진다. 커다란 비장이 만져지면 복부 초음파 검사를 통해 비장 종양(림프종, 혈관육종 등) 여부를 확인해야 한다. 비장 종양으로 진단되는 경우에는 수술적 방법으로 비장을 제거한다.

- 페럿은 일반적으로 항문분비샘 제거와 중성화수술을 시켜 사육한다.
- 인슐린종은 페럿에서 췌장에 흔히 발생하는 종양으로 저혈당증을 일으킨다.
- 비장 종대는 성장한 페럿에서 정상적인 경우에도 흔히 볼 수 있는 증상이다.

5) 설사

① 증상

대변이 굉장히 묽은 형태이다. 항문 주위에 대변이 묻어 있다. 무기력하고 탈수 증상을 보인다.

② 예방

식단을 골고루 공급한다. 수분이 많은 먹이를 피하여야 한다. 청결한 먹이로 교체해 준다.

6. 기니피그

1) 설사

기니피그의 위장은 민감한 편이다. 기니피그의 위장에는 장 기능에 필수적인 특정의 무해한 박테리아균이 있는데, 세균이 불균형해지거나 변화가 발생하면 가스를 생산하는 유해한 박테리아균이 과도하게 증식하게 된다. 유해균들은 장 조직에 손상을 가하고 장내의 음식물 통과 속도를 늦추거나, 설사를 유발하고 독소를 방출한다. 심한 경우 사망에도 이를 수 있다.

크립토스포리디아나 콕시디아 같은 일부 장내 기생충도 설사를 일으킨다. 설사와 관련된 다른 증상으로는 우울증과 식욕부진, 체온저하, 탈수 등이 있다. 치료를 위해 임의로 항생제를 먹이는 것은 매우 위험하다. 일부 항생제가 정상적인 세균을 자극해 설사를 유발할 수 있기 때문이다. 특히 반려용품점에서 판매되는 비처방 항생제는 절대로 주면 안 된다.

① 증상

대변이 묽다. 항문 주위에 대변이 묻어 있다. 무기력하고 탈수증상을 보인다.

② 예방

식단을 골고루 공급한다. 수분이 많은 먹이를 피하여야 한다. 칭걸한 먹이로 교체해 준다.

2) 장 폐색

장 폐색으로 이끄는 요인은 기니피그가 갑자기 다른 질병이나 스트레스 요인으로 인해 먹는 것을 멈추는 증상이다. 음식을 잘 먹지 않거나 변도 점차 작아진다면, 장 폐색을 의심해 봐야 한다. 이 질병은 동물의 위장관에 가스가 찰 경우 발생하는데, 정상적인 연동운동이 일어나지 않아 가스가 몸 밖으로 배출되지 못하는 것이다. 음식이 소화 시스템에 다다르지 않아 불편함을 유발하고 자칫 생명까지 위태롭게 할 수 있다.

장 폐색은 또한 기본적인 질병이나 스트레스로도 야기될 수 있다. 예를 들어 케이지를 옮기거나 새로운 기니피그를 데리고 오는 것, 혹은 호흡기 감염 및 외부 기생충으로 스트레스를 유발할 수 있다.

Chapter

08 근골격계 질환

근골격계 질환이란 무리한 힘의 사용, 반복적인 동작, 부적절한 자세, 날카로운 면과의 신체접촉, 진동 및 온도 등의 요인으로 인해 근육과 신경, 뼈, 힘줄, 인대, 관절 등의 조직이 손상되어 신체에 나타나는 건강장해를 말한다. 특정 신체 부위에 피로와 통증, 고통으로 잘 움직이지 못하는 등의 증상을 느끼면 근골격계 질환을 의심해 봐야 한다.

근골격계 질환은 심한 경우 기능적 제한을 일으킨다. 적절한 약물의 투여가 도움이 될 수 있으며 물리치료 또한 증상 조절에 효과적이다. 만약 급성으로 발생한 통증이라면 첫 2~3일 정도는 해당 부위에 얼음찜질을 하는 것이 좋고 이후에는 온열치료를 시행한다. 경우에 따라서는 주사요법을 시행하는 것이 도움이 될 수 있다.

통증이라는 것은 누구나 겪고 싶지 않은 기분 나쁜 경험이지만 몸의 입장에서는 통증을 유발하는 동작을 피하게 함으로써 몸을 보호하려는 일종의 경고신호를 보내는 것일 수도 있다. 이것이 통증의 긍정적 요소라고 할 수 있다. 그렇기 때문에 어떠한 경우에는 통증을 완전히 없애게 되면 통증이 없는 상태에서 오히려 해당 동작을 반복하게 되어 결국에는 질병의 경과를 악화시키는 결과를 초래하기도 한다.

따라서 통증이나 불편감이 충분히 사라질 때까지 시간을 참고 기다리는 것이 필요할 때도 있다. 해당 구조물에 무리가 가지 않도록 도와주는 보조기 착용을 권고하기도 하며, 적절한 자세를 유지할 수 있는 도구 사용을 권고하기도 한다. 만성적인 통증은 치료에도 그만큼 시간과 노력이 많이 필요하고 치료도 어려운 경우가 많으므로 증상의 초기에 적절한 치료와 관리가 필요하다.

1. 개

1) 골절

교통사고나 싸우다 물린 경우에 골절이 흔히 발생한다. 하지만 보호자는 개가 골절을 당했는데도 알지 못하고 지나가는 수가 있다. 이렇게 되면 보통은 다리를 들고 다니며 골절된 부위가 붓기도 하지만, 골절된 처음 며칠은 증상이 안 나타날 수도 있다. 골절은 처음 3일 이내에 치료하지 않으면 교정이 어려워질 수도 있으니 주의가 필요하다. 골절은 심하지 않은 경우 깁스와 같은 포대나 외부고정 방법을 이용하고 경우에 따라서는 내부고정 재료들로 수술을 한다.

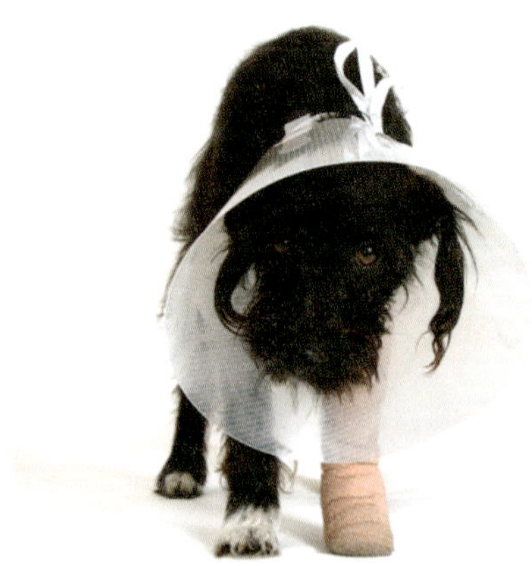

그림 8-1 개 골절

출처: https://m.blog.naver.com/vetlucy/221960605232

2) 고관절 이형성

고관절은 엉덩이 관절을 말하고 이형성은 형성이 잘되지 못한 상태를 말한다. 즉 고관절 이형성은 고관절의 형성 이상 상태인데, 생후 2살 이전에 발생하는 경우가 많다. 주로 대형견에서 자주 나타나지만 소형견에서도 종종 발생한다. 원래 고관절 이형성은 유전적인 문제이기 때문에 번식 대상에서 제외되지만 국내에는 고관절 이형성을 판별하고 관리하지 않아 대형견의 고관절 이형성이 많은 편이다.

고관절 이형성의 정확한 진단을 위해서는 방사선 사진에 의한 정형외과적 평가가 필요하다. 교정은 체중 20kg 미만이라면 수술이 비교적 간단하지만 아주 큰 대형견은 인공관절을 이식하는 복잡한 수술을 하여야 한다. 고관절 이형성이 있는 개는 운동을 제한하고 관절 약을 한동안 먹여야 한다.

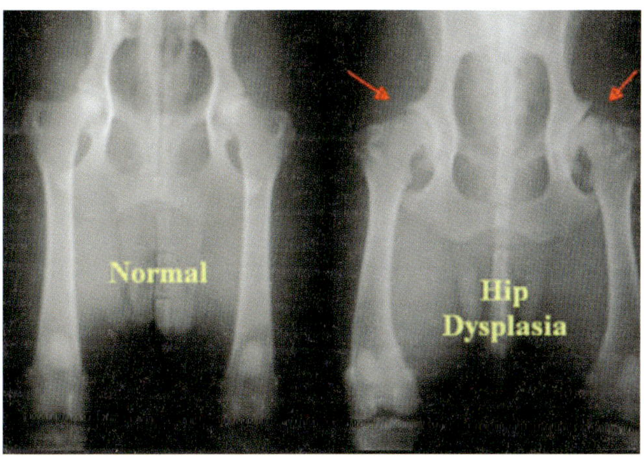

그림 8-2 개 고관절 이형성

출처: https://m.blog.naver.com/PostView.naver?isHttpsRedirect=true&blogId=boneamc&logNo=221323222025

3) 대퇴골두 괴사증

골반뼈에 끼워지는 대퇴골의 머리 부분이 괴사되는 경우가 있다. 뼈조직의 괴사 때문에 대퇴골두 괴사증이라고 부른다. 대부분 소형견에서 발생하는데 통증을 보일 수도 있으며 다리를 절거나 대퇴골두 괴사증이 있는 쪽 다리를 들고 다니게 된다. 방치하면 다리의 변형이 심해져 교정이 어려워질 수도 있다. 대부분 수술을 통해 완치될 수 있고 치료가 잘되는 편이다.

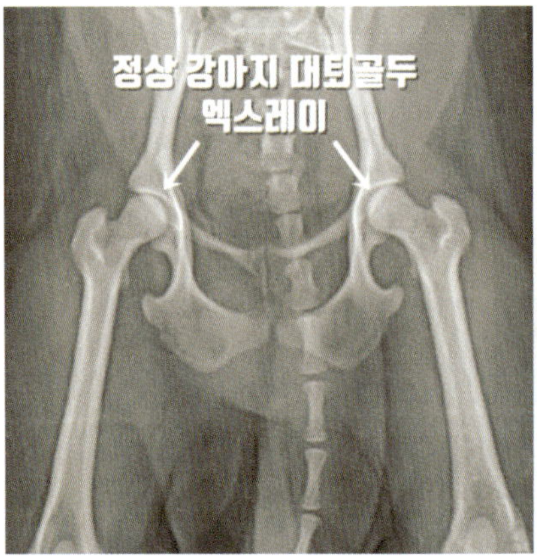

정상 강아지 대퇴골두

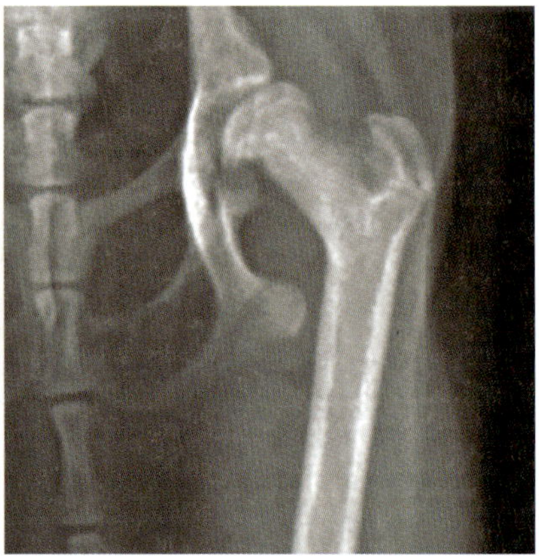

대퇴골두 허혈성 괴사(LCPD)모습_
대퇴골두 모양 및 연골 부위 변형

그림 8-3 개 대퇴골두 괴사증

출처: https://blog.naver.com/truthy2000/221762016619

4) 슬개골 탈구

슬개골은 무릎뼈를 말하는데, 슬개골 탈구란 무릎뼈가 빠지는 것이다. 슬개골 탈구가 있으면 다리를 들고 다니거나 절게 되는데 오래되면 관절변형이 된다. 침대나 높은 곳에서 뛰어내리면 갑자기 소리를 지르거나 갑자기 뒷다리를 절면 슬개골 탈구를 의심해 볼 수 있다.

하지만 경우에 따라서는 증상이 나타나지 않고 진행되는 경우도 있다. 무릎에 있는 인대가 무릎뼈를 감싸고 있는데, 슬개골 탈구는 인대와 무릎뼈 사이의 구조적인 변형이 되어 발생한다. 진행 정도에 따라 4단계로 구분을 하는데 일찍 수술을 하는 것이 좋다. 처음에는 인대만 빠지다가 시간이 지나면 밑에 있는 경골이라는 다리뼈가 돌아가게 되고 더 심해지면 골반에도 이상이 오기 때문이다.

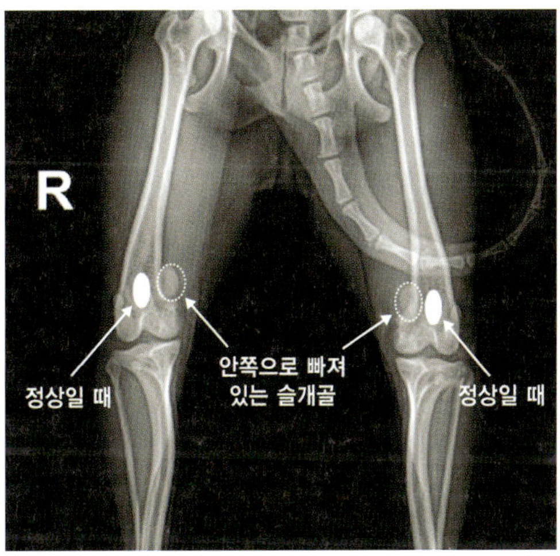

그림 8-4 개 슬개골 탈구

출처: https://blog.naver.com/truthy2000/222022850893

5) 영양성 골절

뼈에 필요로 하는 무기질과 영양소가 부족하여 뼈가 부러지는 것을 영양성 골절이라고 한다. 사료를 먹지 않고 사람 밥만 먹는다든지 성장기에 적절한 영양이 공급되지 않을 경우 뼈의 영양 상태가 나빠 뼈의 강도가 약해서 작은 충격에도 골절이 되는 경우가 있다.

영양골절의 경우 뼈가 취약하기 때문에 수술도 힘들고 치료가 어려워진다. 영양성 골질은 적합한 음식을 제공하면 사전에 예방할 수 있는 질병이다.

6) 관절염

관절에 염증이 생기는 경우는 감염이 되는 경우와 그렇지 않은 경우가 있다. 나이가 들면서 생기는 퇴행성 관절염은 감염과는 무관하게 생기는 염증이다. 또한 좋지 못한 자세나 관절연골의 점진적인 기능악화 또는 인대손상 등이 원인이 되는 경우에도 비감염성 관절염이 생기게 된다. 관절염의 임상증상은 사람과 비슷하여 축축한 날씨에는 증상이 더 심해지게 되고 운동을 싫어하고 걷지 않으려 한다. 관절이 붓기도 하고 다리를 펴거나 굽힐 때 통증을 느끼게 된다. 방사선 촬영을 통해 진단하는데, 심한 경우 관절액을 검사하기도 한다. 체중을 줄이고 수영과 같은 물리요법과 함께 치료한다.

그림 8-5 개 관절염

출처: https://dearlabs.kr/22/?q=YToxOntzOjEyOiJrZXl3b3JkX3R5cGUiO3M6MzoiYWxsIjt9&bmode=view&idx=1286 9363&t=board

7) 미네랄 영양소 결핍

① 칼슘(calcium)

칼슘은 뼈의 형성과 세포의 기능에 필수적인 영양소로 성장기 동물의 칼슘 결핍은 구루병(rickets)이라 하여 다리뼈가 구부러지고 등이 굽는 증상을 보이고 골다공증(osteoporosis)으로 뼈가 약해져 골절이 자주 발생하게 된다. 임신과 출산 기간에 칼슘의 부족은 산욕열 또는 유열(milk fever)이라 하여 호흡근육의 마비로 호흡이 어렵고 의식불명으로 응급치료를 받지 못하는 경우에 사망에 이르는 무서운 결과를 초래한다. 성장기 강아지와 임신 및 출산 기간의 개는 칼슘 영양소 공급에 주의를 기울여야 한다.

② 인(phosphorus)

인은 칼슘과 더불어 뼈의 형성에 관여한다. 인 영양소의 결핍은 구루병(rickets)이나 골연화증(osteomalacia)이 일어나며, 이물질 섭취(pica), 번식률 감소 등의 증상을 보인다.

8) 디스크(추간판탈출증)

흔히 말하는 '디스크'는 질병의 이름이 아니라 추간판을 가리키는 용어이다. 즉, 디스크라고 말하는 질환의 정확한 표현은 IVDD(intervertebral disc disease), 추간판탈출증이다. 추간판은 척추뼈와 척추뼈 사이에 위치해 척추의 움직임을 완화하거나 충격을 흡수하는 역할을 한다. 추간판은 바깥쪽의 섬유테(fibrous annulus)가 내부의 수핵(nucleus pulposus)을 둘러싸는 형태로 되어 있다. 이 부위가 파열되거나 내부의 수핵이 튀어나와 척수강 내로 들어가 척수를 압박하면 증상이 발생한다. 이를 흔히 '디스크가 터졌다'고 표현한다.

추간판탈출증은 약하게는 통증, 활동 감소, 평소보다 산책을 못 하는 모습, 소파나 침대를 뛰어 오르내리지 못하는 등의 모습으로 관찰된다. 심할 때는 걸을 때 발등으로 바닥을 끌며 걷는 너클링을 한다. 배뇨곤란, 부전마비, 사지마비 등과 같은 증상까지 나타날 수 있다. 이때 'deep pain'이라고 부르는 심부통증 감각이 사라졌다면 응급상태로 판단한다.

Hansen type I이라고 불리는 추간판 '탈출'증은 주로 급성으로 발생한다. 디스크의 바깥 섬유테가 찢어지면서 내부 수핵이 튀어나와 척수를 압박한다. Hansen type II라고 불리는 추간판 '돌출'증은 추간판의 변성으로 추간판이 밀려 올라가 척수실질을 압박한다. 주로 만성적으로 진행된다.

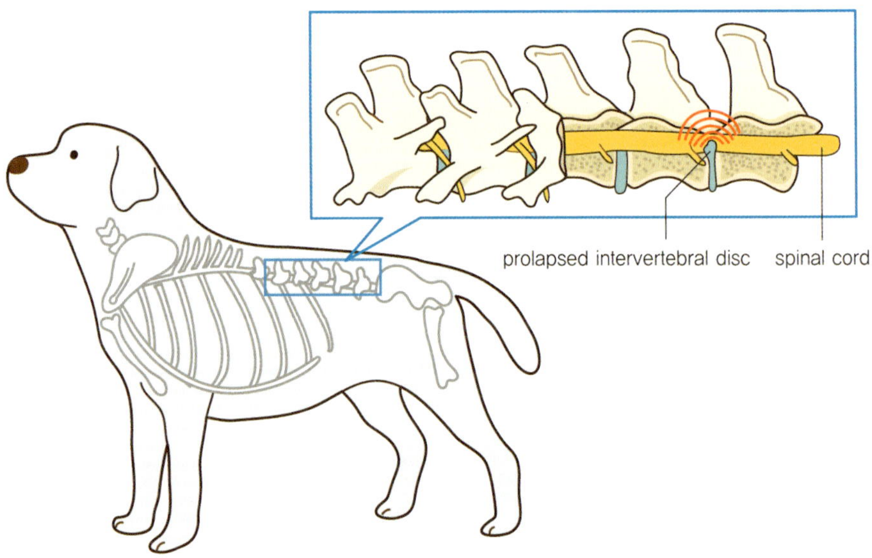

그림 8-6 개 디스크(intervertebral disc disease, IVDD)

출처: https://m.blog.naver.com/lee_amc/221822679739

2. 기니피그

1) 골절

① 증상

뒷다리를 절뚝거린다. 고통이 심해 움직이지 못한다.

② 예방

사육장 틈에 끼거나 발이 빠지지 않게 틈을 이불이나 바닥재로 막아준다. 높은 곳에서 떨어지지 않게 주의한다. 놀라서 사물에 부딪히지 않게 안정된 환경을 만들어 준다. 뒷다리를 잡지 않는다.

Chapter

09 내분비계 질환

내분비계 질환은 호르몬 분비에 관여하는 부신, 갑상선, 부갑상선, 난소, 고환, 부신, 췌장, 시상하부 등에 이상이 생겨 몸 안의 호르몬 양이 정상보다 많거나 적어지면서 증상을 나타내는 질환이며, 잦은 배뇨, 탈모, 기력 저하, 피부질환, 예민함 등이 주요 증상이다.

췌장은 복강 내 위, 십이지장 부근에 있는 기관으로 소화효소를 내는 외분비계 기능과 더불어 혈당을 조절하는 '인슐린'을 형성하는 내분비계 기능을 겸하고 있고, 부신은 양쪽 신장의 앞쪽 근처에 존재하는 내분비계 기관으로 혈압 및 말초혈관 수축을 조절하는 '아드레날린', 당 대사, 칼슘 대사, 성장, 수분 및 전해질을 조절하는 코르티코이드계 호르몬들 등을 분비하며, 갑상선은 목 쪽 기관 양 옆에 존재하는 내분비계 기관으로 우리 몸의 대사를 조절하는 호르몬이 형성된다.

대표적인 내분비계 질환으로는 당뇨병, 쿠싱증후군(Cushing's disease, 부신피질기능항진증), 갑상선기능항진증 등이 있다. 개, 고양이의 당뇨병은 혈당을 조절하는 호르몬인 인슐린의 형성 감소가 주된 원인이며 이는 췌장의 문제로 인해 발생한다. 당뇨 질환으로 인해 췌장염, 간담도계 질환 등 합병증이 발생하게 되며 특히, 당뇨 관리가 안 될 경우 케톤 산증이라는 응급상황이 발생하게 되면 생명에 위협을 받을 수 있다. 당뇨 관리가 되지 않을 경우 사망까지 이를 수 있으나, 초기 6개월을 잘 관리하게 되면 5년 이상 관리될 수 있는 질환이다.

쿠싱증후군은 부신피질에서 형성되는 호르몬의 과도한 생성으로 인한 질환이며, 비뇨기계 감염, 결석, 고혈압, 당뇨, 췌장염 등 여러 질환들이 발생할 수 있는데 초기 증상에 따라 생명을 위협하지 않는 피부병부터 생명에 위협을 줄 수 있는 합병증이 있을 수 있다.

부신피질기능저하증은 에디슨병(Addison's disease)으로 불리는데 부신피질호르몬의 형성이 적어서 일어나는 질환으로 생명을 위협할 수 있는 상태(Addisonian crisis)가 발생할 수 있다.

갑상선기능항진증은 갑상선 호르몬이 과도하게 형성되는 질환으로 고혈압을 유발해 신장 및 심장 질환의 합병증이 발생할 수 있다. 이는 나이 든 고양이에서 주로 발생한다.

1. 개

1) 갑상선기능저하증

① 증상

선천적 또는 후천적으로 갑상선 기능 저하에 따른 피부의 탈모증세가 나타날 수 있다. 셰퍼드, 에어데일테리어, 코커스패니엘, 그레이트 덴, 미니어처 슈나우저, 올드 잉그리쉬 쉽독 등의 품종에서 잘 발생하고 대부분 3~6살 전후로 발병한다.

② 원인

몸의 좌우가 대칭적인 탈모증세와 피부 색소가 침착하는데 이것은 갑상선 기능이 저하되어 체내의 대사가 원활하지 못하기 때문에 나타나는 증상이다. 기운이 없고 잠이 많거나 피부에 윤기가 없고, 추위에 약하고, 변비를 보일 수도 있으며 드물지만 발작을 비롯해서 신경증상을 보이는 경우도 있다.

③ 대책

혈액검사와 호르몬검사를 통해 갑상선의 기능을 진단하고, 치료는 지속적인 호르몬 요법을 시도한다.

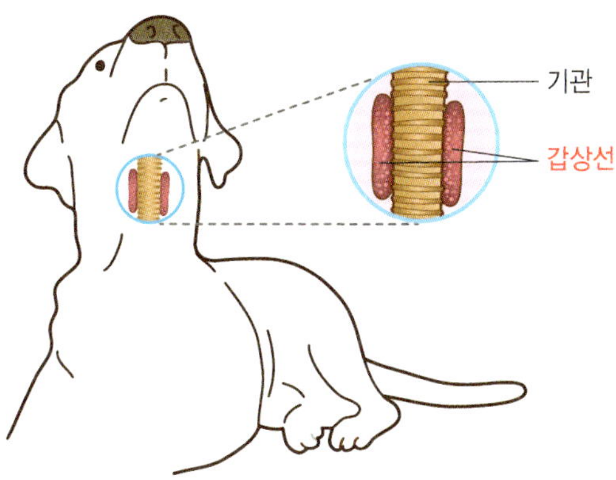

그림 9-1 개의 갑상선 부위

출처: https://m.blog.naver.com/oz0402/221971595602

2) 부신피질기능항진증

뇌하수체의 문제가 생긴다든지 부신종양 및 스테로이드 제제의 과잉 복용 등으로 부신 기능이 항진되어 발생한다. 부신피질기능항진증은 비글, 보스턴테리어 등에서 잘 걸리고 다음다뇨, 다식 등의 증상과 함께 배가 항아리처럼 불러오는 것이 특징이다. 털이 심하게 빠지고, 근육에 힘이 없고, 호흡이 거칠어지는 증상을 보이기도 한다. 탈모, 근육의 약화, 거친 호흡 등이 나타난다. 부신피질기능항진증은 쿠싱증후군이라고도 하는데, 고양이보다는 개에게 많다.

부신(adrenal gland)은 몸의 신장(콩팥) 위 자그마하게 붙어 있는 작은 조직이고, 몇몇 중요한 호르몬을 생성하는 기관이기도 하다. 수질(속질)과 피질(겉질)로 나뉘는데, 수질에서는 혈관을 수축시키고 혈압을 상승시키는 '아드레날린'을 분비한다. 대신 바깥쪽 피질에서는 '코르티솔', '알도스테론' 같은 호르몬을 분비해서 몸의 여러 기능을 조절한다.

그런데 이런 부신피질호르몬들이 과도하게 분비되면 부신피질기능항진증(쿠싱증후군)이 나타나고, 반대로 부족할 때가 되면 부신피질기능저하증(hypoadrenocorticism)이 발생한다. 19세기에 부신피질기능저하증 질환을 처음 묘사한 영국 의사 이름을 따서 에디슨병이라 부르기도 한다. 에디슨병은 쿠싱증후군보다 상대적으로 흔하지 않다. 개에 비해 고양이에서는 더욱 드물다.

뇌하수체 문제 때문일 수도 있다. 즉, 뇌하수체에 종양이 생겨 '부신피질 자극 호르몬'(adrenocorticotropic hormone, ACTH)을 낼 수 없을 때, 즉 부산피질에게 호르몬을 배출하라는 명령이 끊어지거나 없으면 당연히 기능저하증이 나타날 것이기 때문이다. 혹은 다른 질병으로 스테로이드제를 장기간 투여하다가 갑자기 멈춘 경우에도 나타난다. 이 경우엔 다행히 에디슨병이 일시적으로 끝난다. 견종별로는 비어디드 콜리, 푸들, 래브라도 리트리버 등에게 발병할 확률이 높다.

집중적인 입원치료로 상태를 안정시킨다. 이때 수액 요법으로 전해질 불균형과 저혈당, 호르몬 저하 등을 완화시킨다. 응급상황이 지나가면 호르몬제 투여로 관리해 준다. 평생 호르몬제를 먹여야 하지만 예후는 좋은 편이어서, 다른 질환이 없다면 정상적인 수명과 삶의 질을 기대해 볼 수 있다. 치료 초기에는 몇 번 다시 내원해서 전해질 불균형 등이 있는지 검사하고 그에 맞게 약물의 용량을 조절해야 한다.

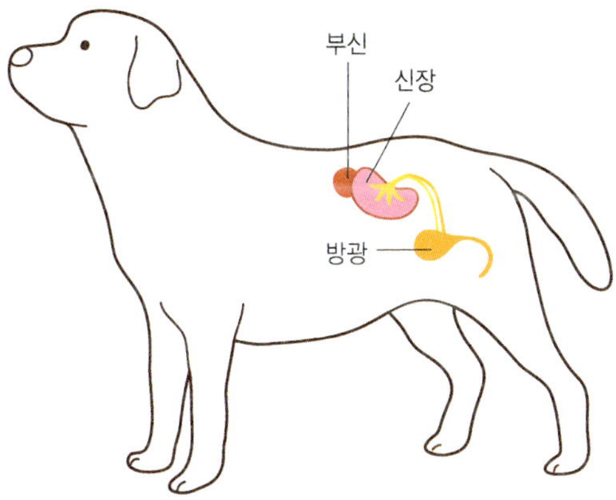

그림 9-2 개의 부신의 위치

출처: https://creators.mypetlife.co.kr/%ED%95%9C%EB%B2%88%EC%9D%80-%EC%9C%84%EA%B8%B0%EA%B0%80-%EC%B0%BE%EC%95%84%EC%99%80%EC%9A%94-%EC%95%A0%EB%94%94%EC%8A%A8%EB%B3%91addisons-disease-%EB%B6%80/

3) 당뇨병

개의 당뇨병은 300마리 중 한 마리에서 발생할 정도로 흔한 질병이다. 어느 연령대에서나 당뇨병이 발생할 수 있지만 개는 주로 7~10세 때 많이 발생한다. 개의 경우 암컷이 수컷보다 당뇨 발생 위험이 높다고 보고되어 있다.

개는 자가 면역 질환이나 췌장염을 앓게 되면서 인슐린을 분비하는 세포가 파괴돼 인슐린 분비 자체가 줄어드는 1형 당뇨가 많나. 따라서 평생 인슐린 투여를 받아야 하는 일이 대부분이다.

당뇨병은 혈액 중의 포도당 농도가 높아져 소변으로 넘쳐 나오게 되는 증상에서 이름이 붙여졌다. 음식을 먹으면 체내로 포도당을 흡수하게 되는데 이때 췌장에서 분비되는 인슐린이 몸의 여러 세포에서 포도당을 이용할 수 있게 한다. 이러한 인슐린의 분비 부족이나 인슐린 기능에 이상이 생겨 몸에서 포도당이 쓰이지 못하고 혈액에 쌓이게 되면 당뇨병이 발병하게 된다. 개는 혈당이 200 이상일 때

고양이는 혈당이 300 이상이 될 때 소변에서 당이 나오게 된다.

혈당이 높아져 삼투성 이뇨가 생기면서 소변량이 늘어나게 되고 보상적으로 갈증을 느끼면서 물을 많이 마시게 되는데 이러한 임상증상을 통상적으로 '다음', '다뇨'라 한다. 보호자가 이상을 느끼고 반려동물을 동물병원에 데리고 가는 가장 흔한 임상증상이기도 하다.

평생 인슐린 투여를 받아야 하는 일이 대부분이다. 이외에도 스테로이드 장기 투여, 임신이나 발정기 등 호르몬의 영향으로 인슐린 저항성이 높아져서 일시적으로 당뇨가 생기는 일도 종종 확인된다.

- 식후혈당을 급격히 올릴 수 있는 탄수화물을 제한하고 고단백 식이를 제공하기
- 비만이 인슐린 저항성을 높이는 큰 원인이므로 정상목표 체중 도달을 위해 적절한 칼로리로 제한하기
- 혈당곡선을 그리거나 요당을 측정해 혈당이 적절하게 유지되고 있는지 꾸준히 모니터링하기

위와 같은 당뇨병 관리가 되지 않으면 다음다뇨증 이외에도 방광염, 피부염 등 감염이 지속될 수 있다. 또 대사성케톤산증 같이 생명을 위협할 수 있는 중증 질환으로까지 이어질 수 있어 진단 후 반드시 꾸준한 관심과 모니터링이 필요하다.

2. 고양이

1) 당뇨병

고양이의 당뇨병은 400마리 중 한 마리에서 발생할 정도로 흔한 질병이다. 고양이는 인슐린 분비세포 수보다는 기능에 이상이 생기거나 인슐린 저항성이 생겨 작용을 잘하지 못하게 되는 2형 당뇨가 대부분이다. 3~4개월간의 식이요법, 인슐린 치료, 인슐린 저항성을 일으키는 원인개선을 통해서 많은 환축이 인슐린 투여를 중단할 수 있는 '관해(remission)' 상태에 도달하게 된다. 당뇨를 치료하기 위해서는 보호자의 적극적인 참여가 중요하다.

고양이는 어느 연령대에서나 당뇨병이 발생할 수 있지만 대부분 6세 이상에서 많이 발생한다. 고양이는 수컷에서 더 잘 발생하는 경향이 있다.

당뇨병 예방에는 높은 수준의 단백질, 낮은 수준의 탄수화물이 함유된 식사가 필요하고, 고양이를 매일 적절하게 운동시키는 것은 상당히 어려운 일이라 할지라도 꼭 필요하다.

※ 동물의 당뇨에는 크게 인슐린 의존성 당뇨(Type 1)와 인슐린 비의존성 당뇨(Type 2) 두 가지 유형이 존재하며, 유형에 따라 치료 방향이 달라진다.

인슐린을 분비하는 췌장 세포(pancreatic β cells)가 인슐린의 분비 자체를 못 하는 경우가 Type 1, 인슐린은 적절히 분비되는 것 같은데 필요한 세포로 당이 잘 들어가지 않는(인슐린 저항성) 경우가 Type 2다. 대부분 강아지는 1형 당뇨에 속하며 고양이에서는 흔하지 않다. 1형 당뇨는 반드시 평생 외부적으로 인슐린 주사를 주입해야 한다. 인슐린 저항성은 임신, 다른 호르몬 질병의 병발, 스테로이드 제제의 치료, 발정 휴지기의 경우에도 보이고 특히 비만한 경우에 흔히 나타난다. 고양이 당뇨의 80%는 바로 이러한 2형 당뇨 형태로 보이며 초기에 적절한 치료를 받는다면 완치도 가능하다.

당뇨병이 한참 진행 중일 때는 물을 많이 마시고 오줌을 많이 싸는 증상이 특징적이며, 밥을 많이 먹는데도 오히려 살이 빠지다가 나중에는 식욕이 떨어지고 털이

갈수록 푸석해지며 기운이 빠진다. 또 작은 상처가 나도 잘 낫지 않으며 어느 순간 눈이 뿌옇게 변하는 당뇨성 백내장으로 렌즈가 하얗게 팽윤해 보인다. 그러나 위의 증상들이 보호자에게 쉽게 관찰되지 않기도 하여, 당뇨로 인한 합병증인 신부전증, 케톤산증, 고혈압 증상으로 내원하는 때가 많다. 당뇨병 고양이의 10%는 당뇨성 신경증상으로 인해 뒷다리에 힘이 없고, 높은 곳으로 뛰지를 못하며 발바닥을 땅에 붙이고 걷는 비정상적인 보행 자세인 척행 보행(plantigrade)을 보일 수 있다.

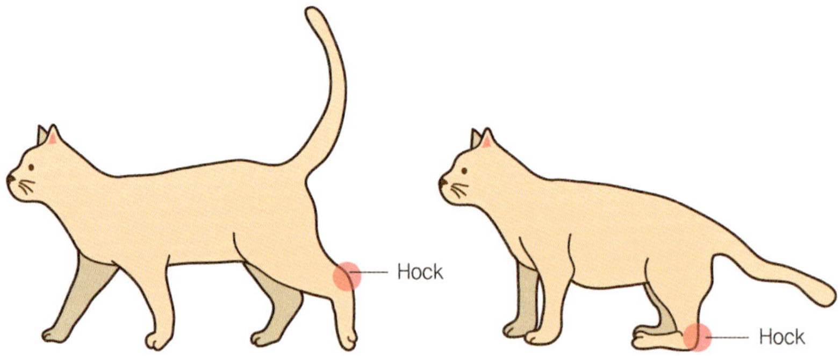

그림 9-3 고양이에서 정상 보행(좌)과 발바닥을 바닥에 붙이고 걷는 척행 보행(우)

출처: https://www.thelondoncatclinic.co.uk/news/brave-cat-month-schnuggi/

3. 페럿

1) 부신피질기능항진증(hyperadrenocorticism)

페럿에서 부신피질기능항진증은 부신에서의 성호르몬(테스토스테론, 에스트로겐 등)의 과잉분비에 의해 발생한다. 양측성 탈모, 중성화한 암컷의 질 종대, 소양감 등의 증상을 보인다. 가장 일반적인 증상으로는 몸의 뒤쪽에서부터 앞쪽으로 서서히 털이 빠지게 된다. 수술적 방법을 통하여 부신을 제거한다.

Chapter

10 비뇨기계 질환

비뇨기계 질환은 신장, 요관, 방광의 결석이 대부분이며 중성화를 하지 않은 수컷은 전립선비대와 같은 전립선질환도 자주 발생한다. 비뇨기계 결석은 개에게 발생하는 질환 중에서 큰 비중을 차지한다. 결석은 세균 감염으로 생길 수도 있지만 유전적 요인으로 생길 때도 많다. 개와 고양이의 비뇨기계 질환은 다양하게 나타난다.

방광결석 외에 신장과 요관에 발생하는 결석도 상당히 흔하다. 신장과 요관의 결석은 방광결석과 다르게 무증상일 때가 많고 우측과 좌측에 결석이 모두 생겨 신부전 증상이 보여야 보호자가 인식하는 경우가 많다.

전립선에 발생하는 염증이나 비대증, 종양은 중성화하지 않은 수캐에게 많이 발생한다. 중성화 수술을 하면 염증이나 비대증은 치료가 되는 경우가 많다. 종양이 발생한 경우 중성화 수술이 치료에 도움이 될 수 있으나 완치가 되는 것은 아니다. 따라서 노령이 되기 전 중성화 수술을 진행하는 것이 질병예방에 도움이 될 수 있다.

고양이의 비뇨기계 질환 중 가장 흔한 것은 하부요로계폐색이다. 이는 방광염의 발생으로 요도가 폐색돼 배뇨곤란이 일어나는 질환이다. 하부요로계폐색은 재발이 워낙 잘 되는 편이며 원인도 명확하지 않아 완치가 어렵다.

1. 개

1) 급성 신부전(acute renal failure)

급성 신부전은 콩팥이 갑자기 기능 이상을 일으키는 것을 말한다. 외부 비뇨기관을 통해 세균이나 바이러스가 콩팥까지 거슬러 올라가 감염되거나 또는 독성물질에 자극을 받거나, 요도나 방광에 결석이 있어 오줌길이 막히는 경우에 콩팥에 손상을 입고 신부전 증상을 보이게 된다. 또한 어떤 특정 약물이나 부동액, 양파, 포도 등도 콩팥에 자극을 심하게 주어 급성 신부전을 일으킨다. 콩팥 기능이 갑자기 안 좋아지면, 몸 안의 수분을 조절하지 못하고, 전해질 균형이 깨져 구토를 하는 증상을 보인다. 또한 입에서 냄새가 나기도 하고, 식욕부진과 설사 증상이 나타나기도 한다. 이에 따라 탈수가 되고, 오줌량이 감소하게 된다. 콩팥은 진단이 어렵고 치료가 힘들기 때문에 중독증상을 발견하면 빨리 치료를 시작하는 것이 좋다.

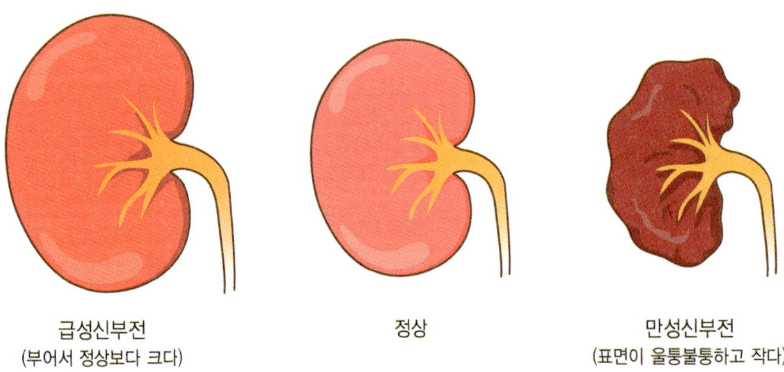

그림 10-1 개의 급성 신부전과 만성 신부전

출처: http://www.unimed.co.kr: 8088/new_uni/D/D3.htm

2) 만성 신부전(chronic renal failure)

만성 신부전은 천천히 콩팥의 기능이 나빠져 오랫동안 신부전 증상을 보이는 경우인데, 여러 가지 질병의 말기에 나타나는 증상이기도 하다. 식욕이 없고 물을 많이 먹게 되고 오줌도 많이 누게 된다. 체중이 줄고, 설사와 변비 등의 소화기 증상이 함께 나타난다. 콩팥이 기능을 하지 못하기 때문에 몸 안의 산과 알칼리의 균형이 깨지고 전해질 이상이 초래된다. 혈액과 오줌의 성분이 변화되어 피검사와 오줌검사로 진단한다. 또한 초음파를 통해 콩팥의 상태를 관찰하기도 한다. 장기적인 치료가 필요하며 특별한 처방식을 먹여야 한다.

3) 사구체신염(glomerular nephritis)

대부분 7년 이상의 노령견에서 발생한다. 사구체신염의 75% 정도는 수캐에서 발생한다. 혈전의 의해서 마비가 오기도 하며, 심하면 요독증(uremia) 증상을 보인다. 요독증은 오줌의 노폐물을 여과시킬 수 없어 이것에 중독된 것을 말한다. 오줌 분석을 하면 오줌에 단백질이 섞여 나오는 것을 알 수 있다. 원래 단백질은 콩팥에서 걸러 다시 흡수해야 하는데 이 기능이 망가져서 복잡한 장애를 나타내게 된다. 몸이 붓거나 구토를 하고 숨차할 수도 있는 증상들을 보이게 된다. 식욕부진, 탈수, 구토 등의 증상과 함께 입냄새가 심하게 날 수도 있다.

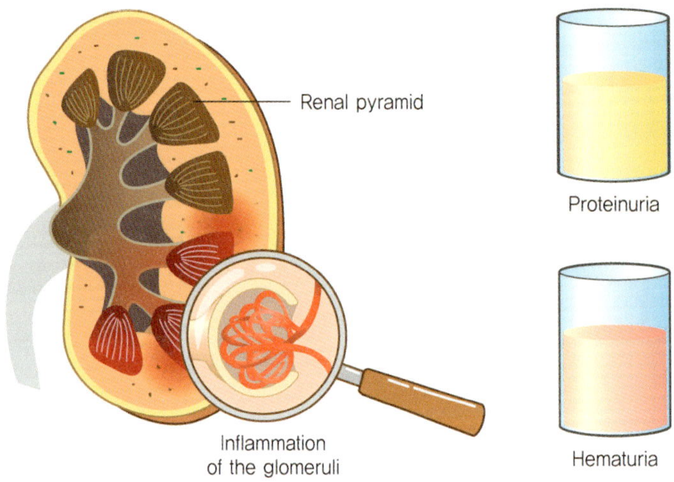

그림 10-2 사구체신염(glomerular nephritis)

출처: https://www.kidney.org/atoz/content/post-infectious-glomerulonephritis-pign

4) 방광염

오줌을 누려고 하는데 잘 나오지 못하거나 오줌에 피와 고름이 섞여 나와 오줌 색깔이 이상하면 방광염을 의심해 볼 수 있다. 방광염은 가장 흔한 하부 비뇨기계의 질병이다. 결석 때문에 방광염이 발생하기도 하지만, 생식기를 통해 요도로 세균이 상행 감염되어 방광염이 나타나기도 한다. 방광염에 걸린 개는 오줌을 자주 누게 된다. 오줌량은 늘지 않지만 여러 번 누려 하는 것이 특징이다. 또한 오줌 눌 때 통증을 느낄 수도 있으며 힘겨운 자세를 취하기도 한다. 병원에서 쉽게 진단하지만 치료기간은 오래 걸릴 수 있다.

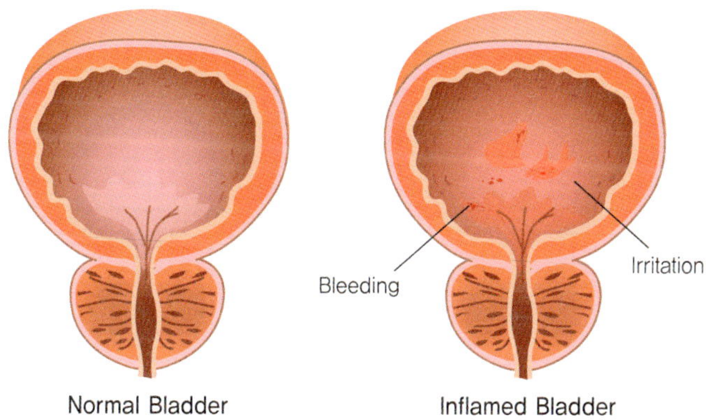

그림 10-3 정상 방광(좌)과 방광염(우)

출처: https://twitter.com/DrMianSHERAZ2/status/1149903965984821248/photo/1

5) 결석

결석은 몸 안의 무기질이 뭉쳐서 돌처럼 변한 것을 말한다. 결석은 종류가 아주 많은데 문제가 되는 것은 결석의 종류뿐 아니라 결석이 생긴 위치이다. 제거하기 편리한 곳에 생긴 결석은 쉽게 치료되지만 콩팥 안쪽에 생긴 결석 같은 경우 문제가 심각해진다. 콩팥에서 방광과 요도 사이에 어디에든 결석이 생기면 오줌 색이 변하고 오줌을 자주 누려 한다. 결석은 위치에 따라 신장결석, 방광결석, 요도결석 등으로 구분하는데, 결석이 존재하는 위치에 따라 임상증상이 조금씩 달라진다. 오줌 줄기에 피가 묻어나올 때 처음 나오는 오줌에 피가 있는 것과 오줌을 다 본 뒤에 피가 떨어지는 것은 증상과 결석의 위치가 다르기 때문에 보호자가 관찰하여 수의사에게 말해 주어야 할 사항이다. 또한 오줌색이 아주 붉게 변하는 것과 오줌에 빨간 피가 섞여 있는 것은 다른데, 앞의 것은 피 속에 적혈구가 깨져 오줌과 뒤섞인 것이고, 뒤의 것은 오줌에 피가 묻어 있는 것이다. 결석은 수술이나 내과적인 치료로 제거하거나 녹여내고 처방식을 통해 치료한다.

그림 10-4 개의 결석

출처: https://www.togonbalto.com/sc7-5

6) 당뇨병

췌장의 이상이나 원인불명으로 인슐린 호르몬 분비에 문제가 생기는 경우에 당뇨병이 발생한다. 당뇨병은 식욕부진, 오줌에서 단 냄새, 오줌의 혼탁, 구토, 쇠약, 체중저하, 입냄새 증가 등의 증상으로 발견되기도 하며 이상 증상이 느껴지는 경우에 동물병원에 내원하여 오줌검사 또는 혈액검사를 통하여 당뇨병 진단이 가능하다. 당뇨병의 경우에 처방식을 급여하여야 하며 혈당 수치가 높은 경우에 인슐린 주사를 맞아야 한다. 합병증의 예방을 위하여 지속적인 관리가 필요하다.

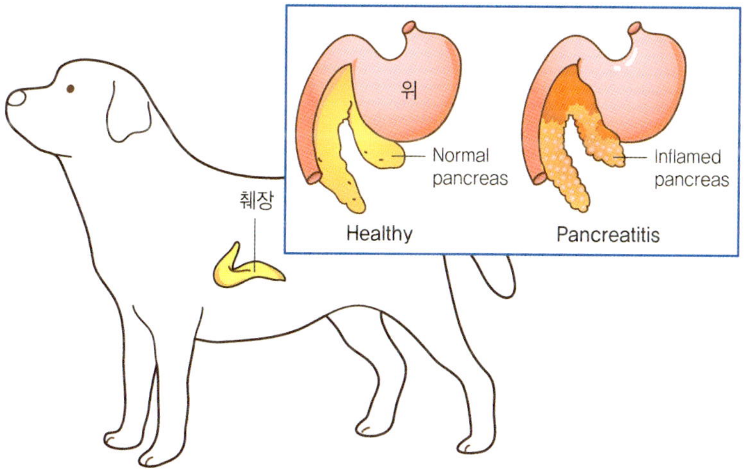

그림 10-5 개의 당뇨병

출처: https://puppyandpoetry.tistory.com/entry/%EA%B0%95%EC%95%84%EC%A7%80%EA%B0%80-%EB%8B%B9%EB%87%A8%EB%B3%91%EC%9D%80-%EC%82%AC%EB%9E%8C%EA%B3%BC-%EB%A7%8E%EC%9D%B4-%EB%8B%A4%EB%A5%B8%EA%B0%80%EC%9A%94

2. 고양이

1) 만성 신부전(chronic renal failure)

① 원인과 병의 진행

원인은 여러 가지 병원체의 감염, 중독성 물질의 섭취, 선천적인 이상 그리고 면역 기관의 장애이다. 고양이의 사구체 개수는 사람의 약 1/4밖에 되지 않아 신부전에 걸리면 매우 위험한 상태가 될 수 있다. 실제로 신부전은 고양이의 주요한 사망의 원인이 되고 있다.

② 증상

처음 증상은 물을 자주 마시고 오줌의 양도 많다. 식욕이 떨어지며 여위고 기운이 없어진다. 신부전이 진행되어 요독증을 일으키면 구토, 식욕도 없고, 더욱 진행되면 신경증상을 일으켜 경련을 일으킬 수 있다.

③ 진단과 주의사항

혈액검사를 통해 진단할 수 있다.

만약, 고양이가 만성 신부전증이라면 다음의 주의사항을 따라야 한다.

- 신선한 물을 언제라도 자유롭게 마실 수 있도록 준비해 두어야 한다.
- 고양이가 스트레스를 받지 않도록 해야 한다.
- 수의사의 지시에 따르고 적절한 식이요법을 실시한다.
- 고양이를 자주 관찰하고 이상이 있으면 곧바로 수의사와 상담한다.

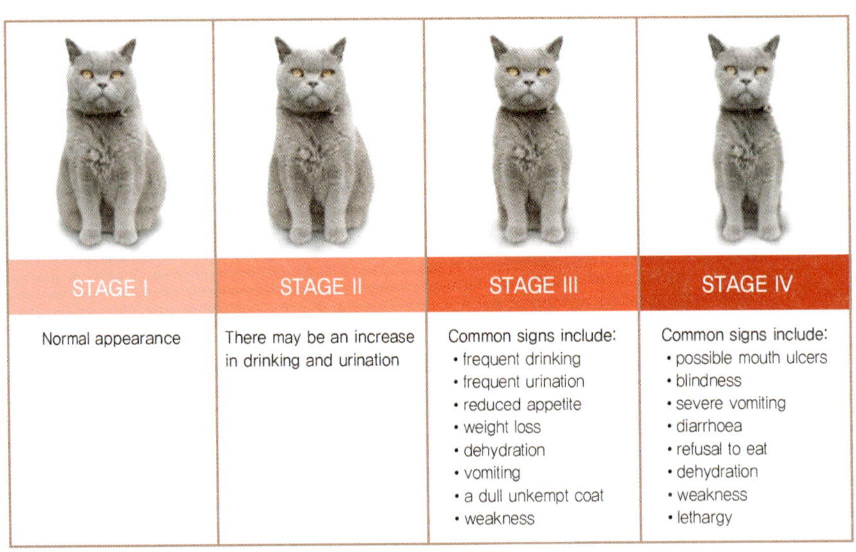

그림 10-6 고양이 만성 신부전의 주요 증상

출처: https://www.greensboroughvets.com.au/news-veterinary/vet-information-on-cats/179-chronic-renal-insufficiency.html

2) Struvite 결석증

① 증상

- 소변을 빈번히 보고 생식기를 자주 핥는다.
- 소변 보는 시간이 길어지고 통증을 동반한다.
- 소변에 때때로 혈액이 보인다.
- 식욕이 감소한다.

② 진단

- 소변검사, 혈액, 단백질, 결정체 검출
- pH측정 세균배양
- X-ray

③ 지켜야 할 사항

- 신선한 물을 항상 공급한다.
- 하루 식사량을 조절한다.
- 하루 3~4회 먹이를 공급한다.

④ 물 공급과 뇨 희석

- 소금은 물 섭취를 증가시킨다.
- 소변량이 증가하면 뇨결석의 위험성이 줄어든다.
- 다량의 소변은 인과 마그네슘 농도를 묽게 하고 결석 형성의 위험을 줄여 준다.

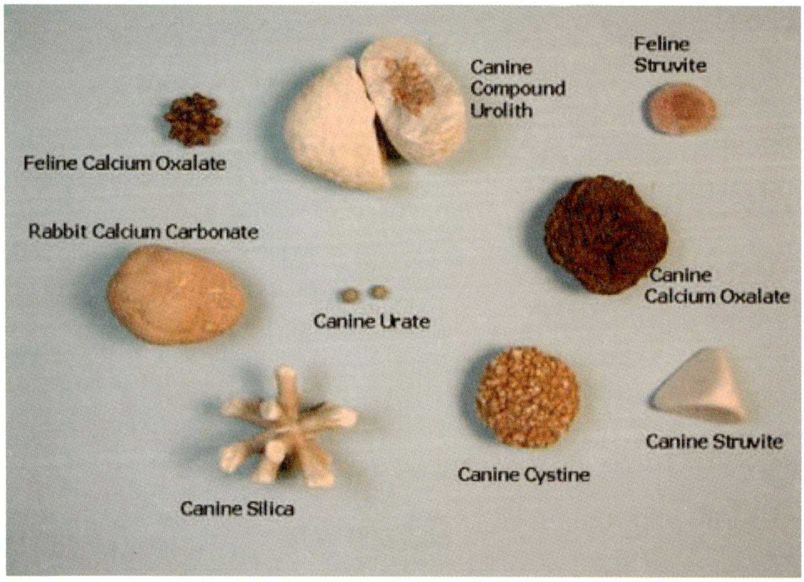

그림 10-7 개와 고양이의 방광결석

출처: https://news.imaeil.com/page/view/2019051409552314687

3. 토끼

1) 혈뇨(hematourea)와 요로결석

토끼의 오줌은 투명하지 않고 탁한 것이 보통이며 붉은색, 노란색, 희뿌연 색, 진한 갈색 등으로 변하기도 하는데 음식물의 색소에 영향을 받는 것으로 알려져 있다. 그러나 요로결석이 있을 경우에 보이는 피 오줌과는 구분을 해야 하므로 배뇨 시 통증을 나타내거나 오줌을 지리는 등 평소와 다른 점이 있으면 병원을 찾는 것이 좋다.

4. 햄스터

1) 방광염/신장염

오줌에 피가 섞여 나오고 물을 많이 먹으며, 오줌을 눌 때 아파서 깩깩거리거나 맥이 풀린 모습을 하고, 오줌을 자주 누는 증상이 보이면 방광염이나 신장염을 의심해 볼 수 있다.

5. 기니피그

1) 결석

기니피그는 요로결석이 발생하기 쉽다. 결석은 대부분 방광에 형성되지만 신장이나 요관에도 형성될 수 있다. 방광염은 수컷보다 암컷 기니피그에서 더 자주 발생하며 종종 감염과 관련한다.

증상은 식욕부진, 혈뇨, 배뇨통증, 활력저하, 소량의 빈번한 배뇨 등이 있다. 폐색이 발생하면 기니피그는 소변을 생산할 수 없다.

Chapter

11 생식기계 질환

생식기와 관련된 질환으로는 암컷은 자궁축농증, 자궁점액증, 유선종양, 난소낭종 등이 있고 수컷은 전립선비대증, 잠복고환, 고환종양 등이 있다.

암컷의 자궁축농증은 자궁에 농이 차는 질환이다. 일반적으로 질 점막의 pH는 낮은 산성이라 세균 감염이 어렵지만 이 조건이 깨지면 세균에 감염된다. 자궁축농증은 외부생식기로 농, 혈액 등의 분비물이 흘러나오는지 여부에 따라 개방형과 폐쇄형으로 분류한다. 중성화 수술을 하지 않은 6세 이상의 반려견에서 자주 발생한다.

주된 증상은 다음, 다뇨, 구토, 탈수, 식욕부진 등이다. 치료가 늦으면 독혈증이나 패혈증으로 사망에 이를 수도 있다. 자궁점액증은 자궁축농증처럼 자궁이 부풀지만, 투명 또는 반투명한 점액이 저류하고 저류액에는 세균이 존재하지 않는다. 자궁점액증은 선천적 자궁 및 질의 기형과 에스트로겐 등의 호르몬 이상에 의한 질환이다. 유선종양은 성호르몬에 의한 질환이다. 유선은 좌우 5쌍이며 호발하는 부위가 따로 있는 것은 아니다. 유선종양은 악성과 양성으로 분류된다. 악성이면 종양이 빠르게 커지며 다른 장기에 영향을 미칠 수 있고 양성이면 상태가 심각하지는 않다.

중성화하지 않은 수컷 반려동물에서는 노령화되면서 많은 문제를 일으키는 것이 전립선비대다. 전립선비대는 남성호르몬과 여성호르몬의 불균형으로 발생하며, 비대의 형태는 과형성, 종양, 농양 등으로 구분된다. 증상은 심한 통증으로 잘 움직이지 못하고 소리를 지르거나 직장이 압박돼 배변 이상이 생긴다.

짐복고환은 수컷에서 흔히 볼 수 있는 질환이다. 출생 후 정상적으로 고환이 음낭으로 내려오질 못해서 발생한다. 대부분은 중성화 수술할 때 제거하지만 수술을 하지 않은 경우에는 노령화되면서 고환종양으로 악화될 수 있다. 고환이 복강 안에서 많이 커지기 전에는 발견하기 쉽지 않은 질환이다.

1. 개

1) 자궁축농증(pyometra)

자궁축농증은 암컷 반려견의 자궁 안에 세균 감염에 의한 염증으로 인한 화농이 쌓이는 질환으로 치명적인 질병이다. 출산 계획이 없다면 자궁축농증 예방을 위해 중성화 수술로 조기에 난소와 자궁을 적출해 주는 것을 추천한다. 반려견의 자궁축농증은 7세 이상의 암컷에게 발생하기 쉬우며 내부 화농이 쌓여 나오지 않는 경우 신속히 치료하지 않으면 생명이 위험할 수 있다. 또한 치료 시기를 놓치게 될 때 패혈증으로 사망할 수 있다.

고농도의 프로게스테론과 고농도의 에스트로겐이 자궁내막에 반복적으로 노출되면 자궁내막의 비후를 일으킨다. 이후 자궁내막에 낭포성 증식이 이뤄진 후 황체호르몬의 높은 혈중농도가 지속되면 감염에 대한 저항성이 낮아지고 대장균 등 다른 세균이 증식되어 급성 자궁내막염을 일으키는 것이다.

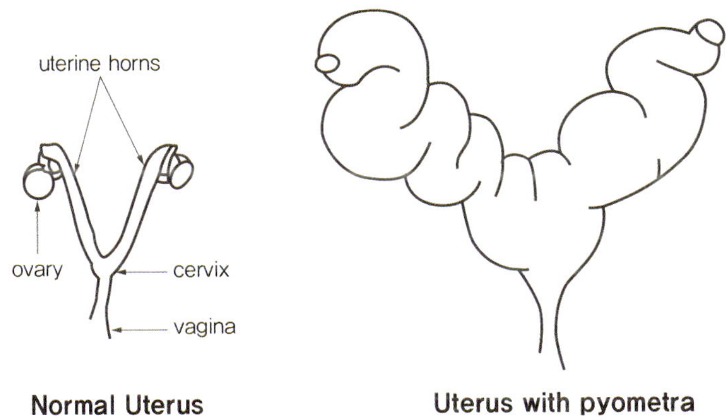

그림 11-1 정상 자궁(좌)과 자궁축농증의 자궁(우)

출처: https://www.namc.co.kr/bbs/board.php?bo_table=namc_faq&wr_id=10&sst=wr_datetime&sod=asc&sop=and&page=1

2) 중성화 수술(neutering)

(1) 수컷

① 생후 3~4개월령에 양쪽 고환(정소)을 적출하는 수술로 'castration'이라 부른다.

② 피부의 음낭 피부를 절개하고 양쪽 좌우측 고환을 적출하는 것으로 피부 부위 절개라는 점과 복강이나 흉강을 개복하는 일이 아니라 암컷에 비교하여 수술이 비교적 간단하고 회복이 빠르다.

(2) 암컷

① 생후 3~6개월령에 복강을 열고 좌우측 난소와 자궁을 적출해 주는 수술로 'spaying(spay)'이라 부른다.

② 복강을 개복하는 수술이기 때문에 수컷 수술보다 수술이 어렵고 회복이 오래 걸린다.

(3) 중성화 수술 후 사양 관리 방법

중성화 수술 후 반려동물들은 비만의 위험도가 높아지기 때문에 비만 관리에 주의를 기울여야 한다.

표 11-1 중성화 수술의 적출 장기와 기대 효과

성별	적출 장기	기대 효과
수컷	• 좌우측 고환(정소, Testis)	• 영역표시 배뇨 행위 감소 • 마운팅과 같은 성적 행동 해결 • 원치 않는 번식 예방 • 정소암의 예방 • 공격성의 감소
암컷	• 좌우측 난소(Ovary) • 자궁(Uterus)	• 원치 않는 번식 예방 • 발정 행동 예방 • 자궁축농증 예방 • 난소암의 예방 • 유선암의 예방

① 중성화 수술 후 성호르몬의 감소 때문에 암수 모두 급격한 신체의 변화를 겪게 된다.

② 그중의 하나가 운동량의 감소와 체내 에너지 소비가 감소되는 것이다.

③ 중성화 수술 후 비만의 위험도가 높아질 수 있어서 먹는 사료양의 조절, 급여하는 먹이와 간식의 칼로리를 줄여주고 운동량을 조금 더 늘려 주어야 한다.

3) 개 브루셀라병(canine brucellosis): 인수공통감염병

유산을 제외한 특별한 임상증상을 나타내지 않고, 진단상 어려움이 많고, 항상 보균동물로 존재함으로써 집단적으로 사육하고 있는 번식장에서는 매우 중요한 전염병이다. 사람에도 감염될 수 있는 인수공통감염병으로 발생 시 신고의 의무가 있는 법정전염병이다.

① 원인체

*Brucella canis*에 의해서 야기되지만 이 균 외에 *B. abortus, B. suis, B. melitensis*에 의한 감염도 보고된 바 있다.

*Brucella canis*는 Brucella속의 0.5~0.7 × 0.6~1.5um 크기의 그람 음성의 비운동성인 작은 간균으로 숙주 세포 내 기생하는 세균이다. Brucella배지, 혈액배지, Tryptic soy agar에서 3~5일간 호기성 및 CO_2 배양 시 모두 발육한다. 직경 1~1.5mm의 반투명 소집락을 형성하며 Mucoid 상으로 된다.

② 감염경로

이 질병의 전파방법은 주로 유산 후 유산태아나 유산물질, 질 분비물로부터 브루셀라균의 흡식이나 섭식에 의해서 이루어진다. 또한 감염 후 3~11주 사이의 정액에는 많은 수의 균이 있으므로 좋은 감염원이 될 수 있다.

③ 증상

*B. canis*는 암캐의 경우 임신된 자궁에만 감염되어 태반의 상피세포에 국소화(colonizing) 하여 태아조산 및 유산을 일으킨다. 암캐는 때때로 임신 전 기간에 그리고 한배 새끼의 모든 생존태아나 죽은 태자에게 모두 전파함으로써 생존태아의 경우라도 대개 수 시간 또는 수일 안에 죽는다. 임신하지 않는 암캐는 대개 임상증상을 나타내지 않지만 자궁분비물 또는 오줌을 통해서 계속해서 원인균을 배설한다.

④ 예방 및 치료

유사산을 보이는 경우 브루셀라 감염 의심으로 진단을 시도하는 것이 좋으며 브루셀라 의심 동물과 접촉을 피하는 것이 좋다. 번식장의 경우에 철저한 견사 소독이 요구된다. 브루셀라 세균은 세포 내 기생하기 때문에 치료가 어렵다. 또한 법정전염병이기 때문에 진단되면 신고를 하여야 한다.

4) 유선종양

유선종양은 주로 중성화 수술을 진행하지 않은 4세 이상의 암컷 반려견에게 나타나는 질병이다. 주로 호르몬의 영향, 유전적인 원인이며 악성으로 발전할 확률이 90% 이상으로 방치할 경우 매우 위험한 질병이다.

초반에는 좁쌀 크기 정도로 매우 작게 발생하며, 오랫동안 자라지 않고 크기를 유지한다. 따라서 쉽게 보호자들이 발견하지 못하고 방치되는 경우가 많다.

2. 고양이

1) 자궁축농증(pyometra)

① 원인

자궁 세균 감염으로 농이 쌓인 상태를 자궁축농증이라고 한다. 자궁은 농(고름)으로 가득 차 있어 복부 전체를 차지하여 배가 많이 부른 상태가 된다. 그래서 임신을 한 것으로 착각하기도 한다. 감염세균에 의하여 요독증이 발생하면 치명적인 여러 가지 장해를 일으킨다.

② 증상

기운이 없으며 식욕저하, 발열, 복위팽만, 구토, 다음(물을 많이 마심), 다뇨, 그리고 생식기에서 분비물 등이 전형적인 증상이다.

③ 예방과 치료

고양이가 성적으로 성숙하면 이 병에 걸릴 가능성이 있다. 중성화 수술(난소, 자궁적출수술)을 하면 미리 막을 수 있다. 치료는 수술적 방법과 약물요법이 있지만 약물요법은 재발의 위험이 있어 수술을 하는 것이 좋다.

3. 토끼

1) 중성화 수술

수컷 토끼의 경우 중성화 수술(castration)은 공격성, 오줌 뿌리기, 어지럽히는 행동을 예방해 준다. 약 3~4개월령에 고환이 음낭 안으로 하강하고, 이후에 중성화 수술을 실시한다. 음낭피부를 절개하고 양측 고환을 제거한다. 암컷 토끼의 중성화 수술은 난소자궁절제술(ovariohysterectomy)이라고 하며, 공격성과 영역행동을 예방해 준다. 또한 자궁증식증과 종양을 예방할 수 있다. 수술은 복부를 절개하고 난소와 자궁을 제거한다.

4. 기니피그

1) 생식기관 질병

기니피그는 난소 및 자궁질환의 위험을 겪을 수 있다. 난소암 및 자궁질환의 악화로 고통받는 암컷 기니피그는 종종 해당 부위를 제거함으로써 치료할 수 있다. 그러나 자궁 및 난소를 성공적으로 제거한 후에도 암이 이미 전이되었을 수 있으므로 문제가 남아 있다. 그러한 이유로 인해, 기니피그에게 난소자궁절제술을 실시하는 경우가 많으며, 이 수술은 기니피그가 생후 6개월이 되었을 때 실시하는 것이 안전하다.

Chapter

12 신경계 질환

개와 고양이에서 주로 발생하는 신경계 질환은 뇌수두증, 뇌수막염, 뇌염, 뇌종양, 디스크 탈출증, 외상, 출혈 등이 있는데 뇌, 척수, 신경전달계의 문제로 인해 발생하게 된다.

발생할 수 있는 신경계 질환의 임상증상은 발작, 경련, 국소 경련, 안구 진탕, 사시, 균형상실, 머리 기울임, 선회운동, 보행이상, 마비, 통증반응, 행동변화의 형태로 나타나고, 중추신경계의 염증, 종양, 혈행장애, 변성 등으로 인해 나타나며, 선천적 요인, 감염, 외상, 중독, 원인불명의 특발성인 것까지 다양하다.

1. 개

1) 광견병(Rabies): 인수공통감염병

광견병 바이러스 감염에 의하여 유발되며 광견병에 걸린 야생동물 또는 다른 동물에 의해 물릴 때 생긴 상처로 체내에 들어온 바이러스가 신경세포를 타고 뇌로 들어가 뇌세포를 손상시켜 신경마비와 광폭증상을 보이다 치명적으로 사망한다.

광견병은 모든 온혈동물에 치명적인 결과를 초래하는 질병으로 거의 전 세계적으로 발병된다. 1907년 첫 발생 이후 1920년부터 예방접종 실시, 비 발생 국가는 61개국(한국의 비무장지대와 중부 산악지대 발병)이다. 1993년 이후 강원도 철원에서 발생, 1998년부터 60마리 이상 발병보고가 있다.

(1) 병원체

Single stranded RNA virus로 Rhabdoviridae과 Lyssa virus속에 속하며, 산성에 의해서 급속히 사멸된다.

① 야외 바이러스(street virus)

병원성, 잠복기간, 조직학적 병변소견이 다르다.

② 고정 바이러스(fixed virus)

- 증식성이 좋다.
- 고정과정 중 잠복기간이 점차 짧아져서 고정, 고정 후에는 일정하다. 이 성질은 불가역성이다.
- 고정과정에 사용된 동물의 신경조직에 높은 친화성을 가지며, 광폭형이 아닌 마비형의 증상을 규칙적으로 나타낸다.
- 전형적인 Negri소체를 형성하지 않는다.
- 고정바이러스에 사용된 동물에는 높은 병원성을 가지나 다른 동물에게는 저하된 병원성을 나타낸다.

(2) 증상

- 동물: 광조형, 마비형, 울광형
- 개: 광견병의 임상증상은 광폭형과 마비형으로 나뉘나 보통 두 형을 다 나타낸다. 귀와 꼬리가 파상풍에 걸린 것처럼 뻣뻣해지며, 극도의 흥분상

태, 과민상태, 타액분비, 결막의 충혈 등을 볼 수 있다. 간헐적인 근육경련, 연하곤란과 거품 섞인 침을 흘리며 유열을 나타낸다. 간혹 집을 떠나서 배회한다. 임상증상은 대개 3~7일간 계속되며 대부분 10일 내에 사망하나 간혹 회복되는 개는 보균 견으로 남게 된다. 봉입체가 관찰된다.

- 고양이: 감수성이 매우 높으며, 광폭형, 발증기간이 짧아 2~4일 후에 폐사된다.
- 소: 극도로 흥분되며(광폭형), 공격적으로 변한다. 감염후기에는 뒷다리 부분에 마비가 오며, 비유가 중지되며, 처음 증상을 나타낸 지 3~6일 후에 폐사된다.
- 기타 가축: 광견병과 유사함
- 야생동물: 많은 종류의 야생동물에서 발병함
- 인체 감염: 잠복기는 2~8주로 교상의 정도와 물린 부위에 따라 10일 내지 8개월까지 다양(중추신경에 가까운 부위를 물릴수록 잠복기가 짧아짐)하다. 발병률은 20%(교상의 위치, 바이러스 양), 초기증상은 두통, 식욕결핍, 구토, 미열, 심한 갈증이 있으나 물을 마시지 못한다. 인두근의 경축으로 인하여 연하곤란, 공수증을 보인다. 신경증상을 보이며 죽는다.

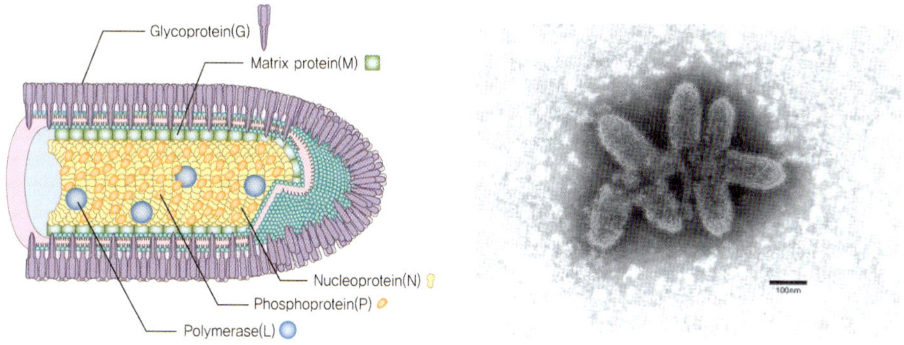

그림 12-1 광견병 바이러스 구조도(좌)와 전자현미경 사진(우)

출처: https://www.cusabio.com/infectious-diseases/rabies-virus.html

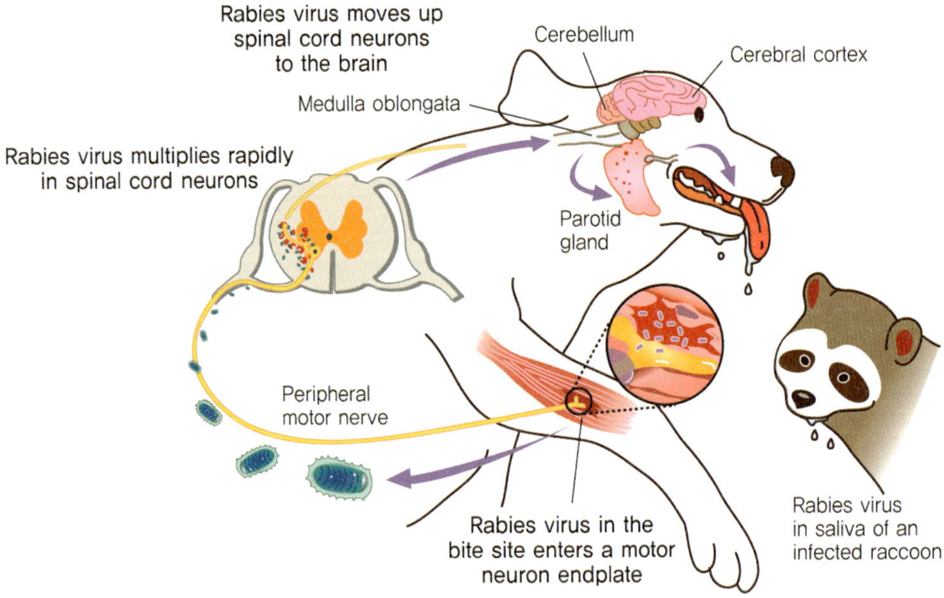

그림 12-2 광견병에 걸린 동물의 증상

출처: https://todaysveterinarypractice.com/preventive-medicine/rabies-vaccination-in-dogs/

(3) 전염원 및 전파양식

- 개와 고양이의 전파: 광견병에 걸린 개의 60~75%가 타액으로 바이러스를 배출한다. 광견병은 타액 속의 바이러스가 주로 상처를 통하여 감염됨으로써 발생되며, 뇌에서 바이러스가 검출된 동물의 타액에서의 바이러스 검출률은 개(75%), 소(53%), 여우(87%) 등이다.
- 야외 동물에 의한 전파: 육식 야생동물과 박쥐가 중요한 역할을 한다.

(4) 진단

- 가검물 재료 취급 시 특별히 주의
- 직접형광항체 검사법: 신속성, 민감성, 특이성이 높다(각막이상, 혀 점막 소편, 모낭의 구상 조직(bulbar tissue), 냉동 피부 조직).
- 바이러스 분리에 의한 진단: 포유 마우스의 뇌 접종에 의한 바이러스 분리, 2~3주 걸리는 것이 단점(3일령 이하의 포유 마우스가 좋다)
- Negri bodies: 모든 개가 양성으로 진단되지는 않는 점에 주의해야 한다.
- 혈청학적 항체 측정
- 타 바이러스와 감별진단: 중화시험이나 교차방어시험

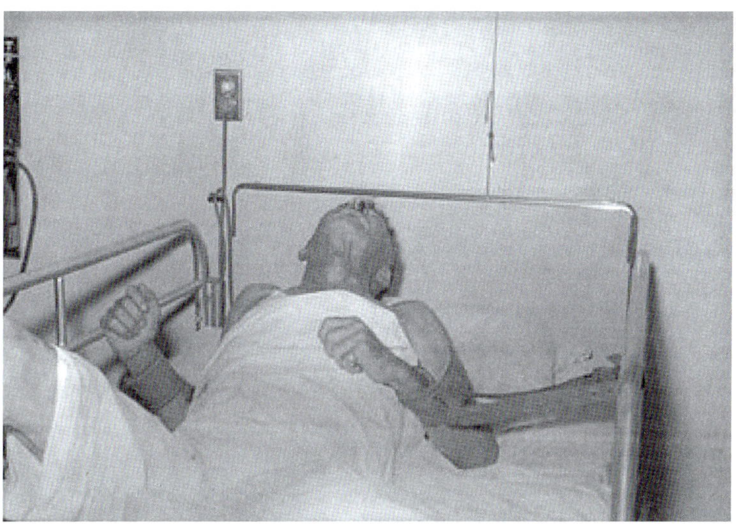

그림 12-3 광견병에 걸린 사람의 임상증상

출처: https://ko.wikipedia.org/wiki/%EA%B4%91%EA%B2%AC%EB%B3%91

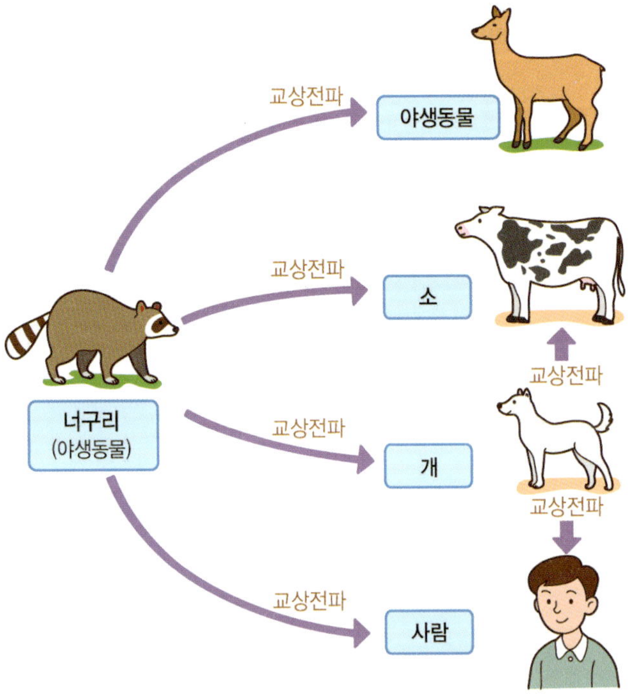

그림 12-4 광견병의 전파경로

출처: https://m.blog.naver.com/PostView.naver?isHttpsRedirect=true&blogId=yyh1288&logNo=220823688675

(5) 예방

- 주거지역에서 발생하는 광견병 예방과 박멸: 애완견(80%) 예방접종 실시(고양이)
- 야생동물에서 발생하는 광견병의 예방: 감수성 동물수의 조절, subunit vaccine
- 동물의 국제 교역 금지: 광견병 상재 지역 수입 억제, 검역기간 연장(6월 이상), 사독 백신의 활용

사람에 대한 광견병 예방 대책

① 광견병 바이러스 노출 전: 직업적인 특색에 따라서 human diploid cell vaccine을 접종함
② 노출: 상처 부위에 대한 처치가 대단히 중요하다. 수압이 강한 물로 씻고, 비누 및 세척제를 사용한 세척을 한다. 40~70% 알코올, Iodine tincture, 0.1% quaternary ammonium compound 등으로 세척한다.
③ 상처 부위에 고단위 면역혈청 주입, 백신접종, 면역혈청요법, 사람 유래 면역혈청

2) 개의 치매(dementia)

치매는 암과 더불어 노화의 전형적인 결과이며, 일반적으로 평균적인 발병 시기를 보면 암이 더 빠르고 치매가 약간 느리다. 신경세포는 돌연변이가 일어나도 더 이상 증식되지 않아서 암으로 발전하는 것이 아니라, 치매로 진행된다.

개들에게 있어서 예상된 행동을 하지 못하게 되는 것은 예측할 수 있는 일이다. 몇 개월이 가기 전에 이들은 전에 하지 않은 행동을 한다. 가끔은 가구 뒤에 숨어서 나오지 못하기도 하고 문지방을 넘는 것을 거부하기도 하며, 문이 열리는 쪽에 있지 않고 반대쪽에 서 있기도 한다.

치매는 개과의 인지기능장애증후군(cognitive dysfunction syndrome, CDS)으로서 사람의 알츠하이머병과 비슷한 기억력과 관련된 병이다. CDS를 앓고 있는 개는 건망증, 방향 상실 등의 증상을 보이며 더 이상 가족들을 알아보지 못할 수도 있다. 가장 알아보기 쉬운 증세는 그동안의 훈련한 것들을 모두 잃어버리는 것이다.

① 치매의 원인

일반적으로 베타 아밀로이드 단백질이 뇌에 축적되면 치매가 일어나는 것은 개와 사람이나 마찬가지이다. 어떤 개들은 뇌의 크기가 줄어들거나, 뇌 주변에 칼슘이 축적되거나(meningeal calcification), 뇌신경에 탈수초현상이 일어나거나, 신

경세포의 연결 퇴행 등이 원인일 수 있다. 지금 어떤 것이 정확한 원인인지 아니면 결과인지 모르기 때문에 치료법도 매우 제한적으로 개발되고 있다.

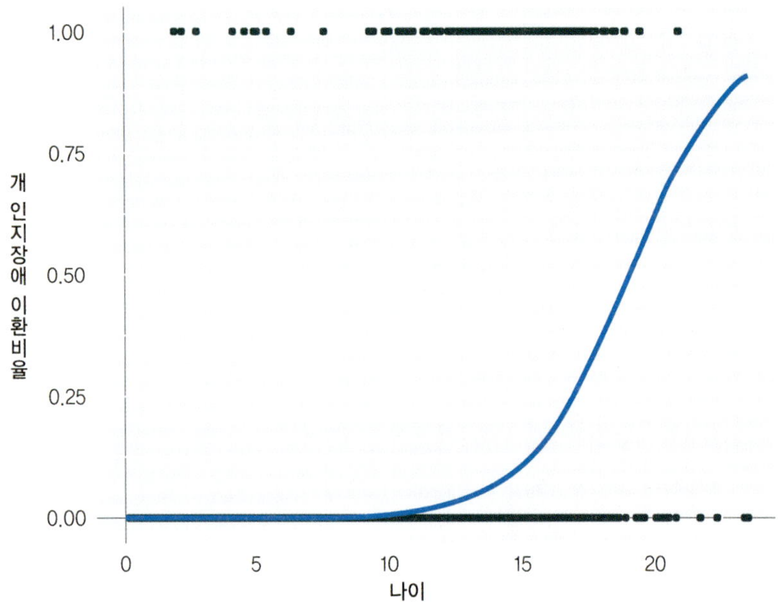

10살 이전에는 거의 없던 개의 치매가 10살 이후에는 급격하게 증가한다.

그림 12-5 개의 치매와 개의 나이

출처: https://www.hani.co.kr/arti/animalpeople/companion_animal/1056294.html

② 치매의 증상

개가 치매에 걸리면 마비, 발작 증세와 같은 전신 질환이 나타난다. 그리고 다음과 같은 증세가 나타난다.

- 익숙한 사람에게 갑자기 공격성을 드러냄
- 잘 알아듣던 명령어를 인지하지 못함
- 좋아하던 것들에 무관심
- 수면 패턴 변화

- 배변 실수
- 한 자리에서 빙글빙글 도는 서클링
- 활동성 저하, 무기력

③ 강아지 치매 진단

강아지 치매를 바로 확인하는 검사 방법은 없다. 강아지가 치매로 의심된다면 일단 다른 신체적 질병 때문은 아닌지 확인하는 과정이 필요하다. 혈액검사, X-선 검사, 초음파검사, 갑상선검사, 소변검사 등 증상에 따라 전반적인 신체검사를 해서 다른 질병은 가능성이 없다는 것이 확인되면 최종적으로 치매로 판정한다.

④ 강아지 치매 자가 진단 방법

치매가 의심된다면 집에서 간단히 해볼 수 있는 강아지 치매 자가 테스트를 먼저 해볼 수 있다.

표 12-1 개의 치매 자가진단표

항목	증상	점수	항목	증상	점수
1. 식욕	정상	1	6. 활동성, 상호 작용	정상	1
	감소	2		감소	2
	증가, 설사를 동반	3		환경/반려인에게 반응 없음	4
	증가, 설사를 동반하지 않음	4			
2. 음수량	정상	1	7. 인지 상실	인지 상실 없음	1
	다음증(증가)	3		가구와 부딪힘	2
				좁은 공간을 지나가려 함	5
				문을 잘못된 방향으로 지나가려 함	5
3. 용변 실수	실수 없음	1	8. 방향 감각 상실	방향 감각 상실 없음	1
	배뇨 실수	2		새로운 곳에서	2
	배뇨, 배변 실수	4		늘 걷던 곳에서	4
				집에서	5

4. 생활 주기	정상	1	9. 기억력	정상	1
	수면 시간 증가	2		아는 사람을 못 알아봄	2
	낮에 자고, 밤에 잘 못 잠	3		휴가를 다녀온 뒤 반려인을 못 알아봄	4
				평소에 반려인을 못 알아봄	5
5. 목적 없는 행동	목적 없는 행동을 하지 않음	1	10. 성격 변화	변화 없음	1
	허공을 응시	2		다른 동물과 아이들에게 공격적	3
	의미없이 걷기	3		반려인에게 공격적	4
	빙글빙글 도는 행동	4			
치매(인지장애) 점수 = 점수 총합 − 10					

출처: https://www.fitpetmall.com/blog/dog-dementia/

개의 치매 자가진단표에서 치매(인지장애) 점수가 10점 이하이면 치매가 아니다. 11~15점은 치매 경계선이고, 16점 이상이면 치매로 의심한다.

⑤ 개의 치매 치료 및 관리 방법

기본적으로 치매를 늦출 수 있는 좋은 성분의 사료와 영양제를 줘야 한다. 놀이와 산책 등 정신적, 신체적 자극을 통해 질병의 진행을 늦출 수 있다. 뇌 질환 처방식인 사료를 급여하고, 유산균, 식이섬유, 항산화제, 눈 영양제 등 영양제를 급여한다.

뇌를 자극할 수 있는 놀이와 적절한 운동을 실시하고, 보호자와 교감을 증대시킨다.

⑥ 개의 치매 예방법

평소에 개의 뇌를 자극할 수 있는 환경을 만들어 주면 된다. 다양한 냄새를 맡을 수 있는 산책, 체중관리, 적절한 활동량 유지, 파프리카, 토마토, 양배추, 브로콜리 등 채소 급여 등이 개의 치매 예방법이다.

Chapter 13

치과 질환

치석에는 많은 세균이 증식할 수 있어 방치하면 치은염이 되고, 심해지면 치주염이 되기도 한다. 반려동물에게서 흔히 발생하는 구강 질환으로는 치주염, 입안에 심한 염증이나 궤양을 일으키는 구내염, 치아가 턱뼈에 서서히 흡수되며 치아가 없어지는 치아흡수병변이 있다.

1. 개

개가 어릴 때는 입 장난을 좋아해서 양치를 길들이기 적합한 시기이다. 이때를 놓치고 양치하는 것이 습관화되지 못한 개들은 대부분 3살을 전후해서 심한 치석을 가지게 된다. 치석은 치아와 잇몸 사이에서부터 생겨 잇몸에 염증을 일으키고 치아 뿌리를 썩게 만들고 심한 입냄새와 구내염을 일으킨다. 또한 병원성 세균의 서식처가 되어 심한 경우 심장 질환을 일으키기도 한다. 치석은 음식의 찌꺼기가 이에 끼거나 타액 속의 칼슘 등이 치아 표면에 침착하여 생기는데, 강아지들은 풍치보다 치석이 많이 생긴다. 예방을 위해서는 양치를 하고 정기적인 스케일링이 필요하다. 성견들은 적어도 30%는 경증 이상의 치주 질환을 앓고 있다.

강아지 치아는 총 42개이다. 치아가 많다 보니 치아를 닦는 범위도 넓다. 구강 엑스레이 사진에서 이상이 없다면 건강하다는 뜻이다. 치태, 치석과 구취, 붉은 잇몸은 치아건강의 적신호를 암시한다.

1) 치석

개에게서 일반적으로 나타나는 치주 질환은 사료, 간식 및 여러 종류의 구강으로 유입될 수 있는 물질, 세균 등이 치아표면에 축적돼 플라크를 형성하고 점차 경화돼 치석이 생기고 치석이 자라면서 시작된다. 치석은 다시 잇몸을 자극하고 염증을 유발한다. 염증 초기에는 음식을 저작하거나 칫솔 시 출혈이 동반됨으로써 보호자에 의해서 발견되고 이때부터 평소와는 다른 입냄새가 나기 시작한다.

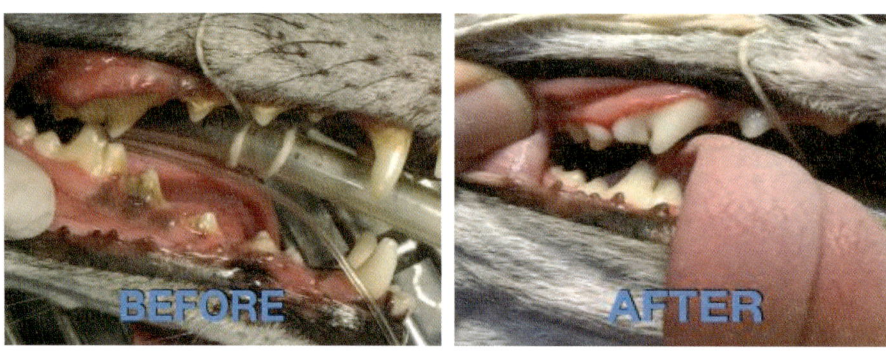

그림 13-1 반려견 치석 제거 이전(좌)과 제거 이후(우)

출처: https://m.blog.naver.com/ssojjung15/221963573282

2) 치은염

초기 잇몸병은 치은염이라고 하며 잇몸 변연부가 붉게 부어오르는 것으로 쉽게 확인할 수 있다. 염증이 국소적이므로 초기에 치료하면 완치된다. 하지만 이를 방치했을 때 치주염으로 진행된다.

3) 치주염

치주염은 치주인대, 치조골의 염증을 수반하는 보다 심각한 질병으로 치주조직의 점진적인 소실로 잇몸이 녹아내리고 치조골의 상실을 유발하며 결국 발치해야 하는 상황이 발생한다.

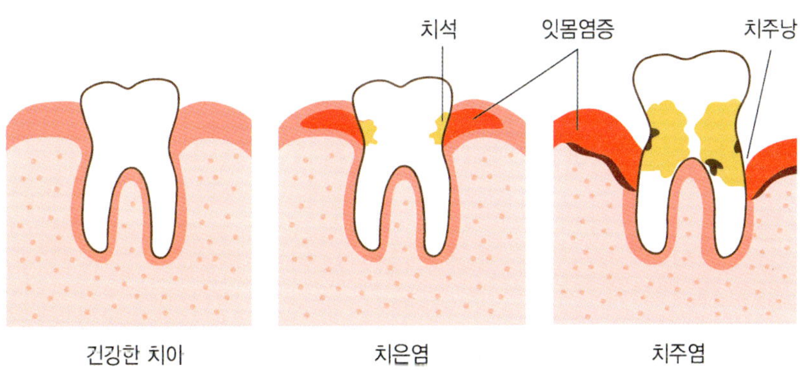

그림 13-2 개의 치은염과 치주염

출처: https://m.blog.naver.com/PostView.naver?isHttpsRedirect=true&blogId=sooyaeah&logNo=220979566212

4) 치주 질환

구강통증, 활력의 저하, 전신권태는 개의 치과 질환에 나타나는 일반적 증상이다. 대다수의 보호자들은 그들의 개의 치주 질환이 노화보다는 치과 질환에 의해 생긴다는 것과 중증으로 이환된 치과 질환이 전신증상을 일으킬 수 있다는 것을 알지 못한다. 치주 질환은 심장 질환, 간, 신장 질환 등 전신질병과 여러 유의미한 관계가 있다. 개들은 사람들과 달라 치아에 문제가 생기면 급격하게 악화되는 경우가 대부분이다. 그러나 치주 질환이 입냄새와 치아손실에 국한돼 있다고 여기며 대수롭지 않게 생각한다. 치주 질환으로 인한 통증과 잇몸감염에 따른 전신적 결과를 가져올 수 있다.

무엇보다 중요한 것은 예방이다. 치주 질환의 가장 큰 원인인 치석을 제거하고 플라크 축적을 방지하기 위해 매일 칫솔질을 하는 것은 필수이다. 치석제거 전용 간식이나 장난감 등이 판매되고 있어 보조수단으로 사용할 수 있다. 무엇보다 구강청결을 유지하는 것이 중요하다.

5) 구강 질환

구강 질환을 의심할 수 있는 증상으로는 식사행동의 변화와 행동의 변화(단단한 음식을 씹는 것을 기피, 턱을 맞부딪히는 행동, 지속적인 핥기, 물건을 입에 물고 운반하는 일 기피, 얼굴을 바닥에 대고 문지르는 행동 등), 심한 입냄새(평소와는 다른 종류의 냄새), 간헐적 혹은 계속 흘리는 타액, 혈액이 섞인 타액, 코 분비물, 안면부종 등이 있다.

심한 경우에는 위턱 또는 아래턱으로 농양이 생기고 그 부위가 파열돼 구멍이 생기는 경우도 있다.

6) 스케일링

스케일링은 다른 말로 치석제거술이라고 한다. 치석이란 치태가 석회화로 치아 표면에 단단하게 돌처럼 굳어서 붙어 있는 것으로, 치석은 치태와는 달리 칫솔질로 제거할 수 없다. 그러므로 초음파기구를 이용하거나 날카로운 기구를 사용해 치아표면에 단단히 붙어 있는 치태와 치석을 제거하고 치아의 표면을 매끄럽게 할 수 있다. 이러한 시술을 스케일링(치석제거술)이라 한다.

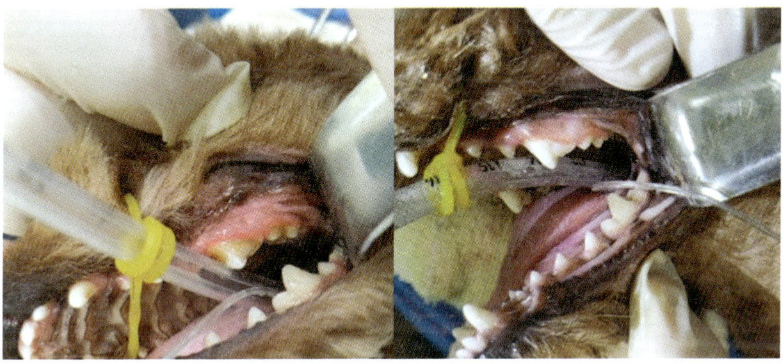

스케일링 전 스케일링 후

그림 13-3 개에 대한 스케일링 이전과 이후

출처: https://m.blog.naver.com/PostView.naver?isHttpsRedirect=true&blogId=sooyaeah&logNo=220979566212

2. 고양이

3살 이상의 고양이 중 80% 이상이 치과 질환에 시달리고 있을 정도로 고양이는 치과 질환에 무척 취약한 편이다.

특히 고양이에게 자주 발병하는 대표적인 치과 질환으로는 치아가 녹아 흡수되면서 극심한 통증을 유발하는 치아 흡수성 병변과 구강 내 점막에 염증이 발생하는 구내염이 있다.

1) 치아 흡수성 병변(feline odontoclastic resorptive lesion, FORL)

치아 흡수성 병변은 젖니의 뿌리를 흡수해서 영구치가 성장할 수 있도록 돕는 역할의 상아질 파괴세포가 비정상적으로 활성화되면서 영구치를 공격하여 녹여버리고, 이로 인해 잇몸 위쪽의 치관이나 잇몸 안쪽의 치근이 녹아 주변 치조골에 흡수되어 버리는 질환을 말한다.

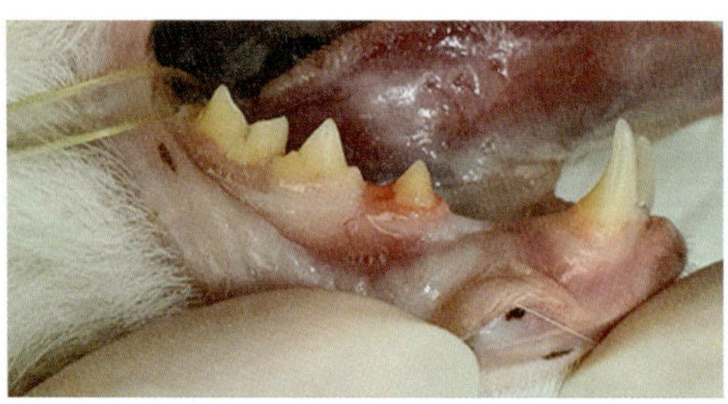

치아 흡수성 병변으로 인한 치주염

그림 13-4 고양이의 치아 흡수성 병변

출처: https://www.k-health.com/news/articleView.html?idxno=55483

① 증상

발병 시 극심한 통증을 유발하기 때문에 딱딱한 음식을 섭취하지 못하고 턱을 덜덜 떠는 증상, 침을 흘리는 증상, 식욕이 감소하고 그루밍이 감소하는 증상 등을 보이게 된다. 입 주변을 건드리지 못하게 한다. 또 체중이 감소하기도 한다.

주로 백악질(시멘트질)에서 치아흡수가 시작돼 안쪽으로 상아질과 치수까지 침범하고 위아래로 치관과 치근까지 진행될 수 있다. 증상이 점점 진행되면서 법랑질까지 녹여 그 녹인 부위를 잇몸이 덮어버리게 된다. 육안으로 봤을 때 잇몸이 치아로 많이 올라와 있다면 치아 흡수성 병변을 의심해야 한다.

위와 같이 치주염이 일부 치아 또는 여러 치아에 발생해 치아 주변 잇몸이 붉어진다. 치아가 녹아 빈 부분이 발생하면 잇몸이 자라 그 빈자리를 채워 치아가 조그맣게 보이기도 한다. 주로 관찰되는 증상에는 갑자기 심해진 입냄새, 그루밍 감소, 침흘림, 식욕저하, 음식을 뱉어내거나 거부하는 행동 등이 있다.

② 진단

붉은 잇몸이 치아를 많이 덮고 있다면 치아 흡수성 병변을 의심할 수 있지만 겉으로 보기에 멀쩡해 보이더라도 잇몸 속 뿌리가 녹아 있는 경우도 많기 때문에 이를 정확하게 진단하기 위해서는 치과방사선 검사가 필수이다.

③ 치료

치과방사선 검사로 치아 흡수성 병변을 초기에 발견한다면 다양한 치료를 시도할 수 있다. 증상이 심하지 않으면 치관만 갈거나 스케일링 또는 약물을 복용하며 경과를 지켜볼 수도 있다. 하지만 질환이 진행된 후 발견했다면 해당 치아를 발치해야 한다. 발치를 미루게 되면 치아가 녹으면서 생기는 통증이 점점 심해지니 가능한 한 빠르게 치과수술이 가능한 동물병원에서 발치수술을 받는 것을 권장한다.

치료 방법으로는 위와 같이 수복치료와 발치치료 2가지가 있다. 수복치료의 경우 초기에만 적용할 수 있는 치료 방법일 뿐만 아니라 장기적으로 보았을 때 실패

할 확률도 높아 가장 효과적인 치료 방법은 발치라고 할 수 있다.

④ 예방

고양이 치아 흡수성 병변은 원인이 명확하지 않아 예방을 할 수 있는 질환이 아니다. 평소 양치질과 치아관리를 열심히 한 고양이에게도 나타날 수 있어 무엇보다 중요한 것은 조기발견이라고 할 수 있다.

2) 고양이 만성 구내염(feline chronic gingivo stomatitis, FCGS)

고양이 만성 치은구내염은 구강 내 점막에 염증이 발생하는 심각한 만성 염증성 질환으로 치태에 대한 면역반응과 연관된 것으로 알려졌고 그 외의 다른 요인들도 작용하는 것으로 여겨지고 있다.

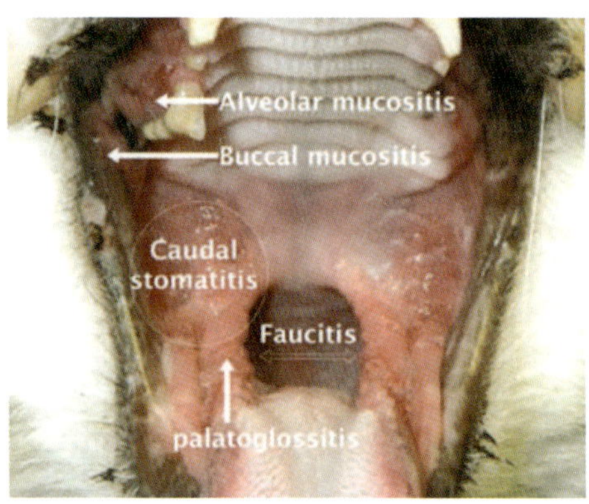

그림 13-5 고양이의 만성 구내염(Feline Chronic Gingivo Stomatitis)

출처: https://www.thecatclinic.co.kr/mycat/content/dental.php

① 증상

고양이의 경우 특히 목구멍 주위에 염증이 생기는 경우가 많아 침을 삼키는 것조차 어려울 정도이다. 고양이 구내염은 다른 치주 질환과는 달리 목구멍염을 동반한다는 것이 특징이다. 따라서 삼킬 때의 통증이 극심해 거의 밥을 먹지 못하는 수준으로 진행되기도 한다. 이에 기본적인 구강 질환 증상 이외에 체중이 감소하거나 얼굴 주변을 만질 때 갑자기 예민해지는 등의 변화가 관찰된다.

② 원인

제거되지 않은 치태가 염증을 유발하거나 면역 시스템에 문제가 생길 때 발생할 수 있다. 허피스 바이러스, 칼리시 바이러스와 같은 감염성 질환도 구내염의 원인이다.

③ 치료

구내염 역시 약물치료와 발치치료 2가지의 치료 방법이 적용될 수 있다. 약물치료의 경우 염증을 가라앉히기 위해 스테로이드, 항생제, 면역억제제 등의 약물이 사용된다. 치아 흡수성 병변과 같이 발치가 가장 효과적인 치료 방법이라고 할 수 있다.

발치 후에는 대부분의 증상이 호전되는 편이며 치료 전보다 통증이 줄어들어 고양이는 음식을 훨씬 편하게 섭취할 수 있다. 면역억압 약물치료도 구내염 치료의 한 방법이지만 약물치료는 장기복용 시에 부작용을 초래할 수 있다는 점을 꼭 인지해야 한다.

3. 토끼

토끼에게 부적절한 사료를 공급하면 치아가 과도하게 자라서 부정교합 및 기타 이상을 유발할 수 있다. 치료의 목표는 치아를 정상적인 구조로 되돌리고 염증과 감염을 조절하여 치아 기능을 정상적으로 되돌리는 것이다.

토끼는 4개의 상악앞니와 2개의 하악앞니가 있다. 상악 절치 중 2개는 상당히 작으며 큰 앞니 뒤에 있다. 상악앞니는 일반적으로 하악앞니보다 짧다.

하악은 상악보다 좁기 때문에 턱이 움직이지 않을 때 뺨치아(소구치, 어금니)는 서로 닿지 않는다.

토끼의 치아는 원통형이며 자라면서 곡선을 이룬다. 토끼 치아는 일생 동안 지속적으로 자라나며, 치아의 정점에 위치한 배아 조직은 치아가 지속적으로 성장함에 따라 각 치아를 덮는 법랑질을 지속적으로 형성한다. 토끼는 입술로 음식을 잡고, 앞니로 물거나 잘게 썰고, 혀로 뺨치아로 옮긴다. 뺨치아의 교합면은 불규칙하여 거친 섬유질 재료를 연마하기 위해 거친 표면을 제공한다. 저작하는 동안 턱의 정상적인 좌우 연삭운동은 치아를 적절한 길이로 마모시킨다.

토끼의 치아는 치아 성장 및 마모 속도에 따라 일주일에 약 2~2.4mm 마모된다.

1) 치과 질환

① 원인

토끼의 치아 질환은 앞니, 뺨치아 또는 둘 다의 맹출이나 마모를 방해하는 해부학적 또는 생리학적 이상으로 발생한다. 선천적인 원인에는 턱 기형이 포함된다. 예를 들어 앞니의 기형은 뺨치아의 부적절한 마모를 유발하여 결국 뾰족한 끝이 발달하고 뺨치아의 과성장으로 이어진다.

또는 뺨치아의 기형은 다른 뺨치아 또는 앞니의 부적절한 교합을 유발하여 부적절한 치아마모 및 과성장을 유발한다.

후천적인 원인에는 외상, 전신질환, 종양, 부적절한 영양섭취 등이 있다. 토끼의 턱 골절과 부러진 치아는 일반적인 외상이다.

부적절한 영양섭취도 토끼의 가장 흔한 치아 질환의 원인이다.

② 증상

토끼는 현저하게 쇠약해질 때까지 질병의 임상 징후를 숨기는 경향이 있다. 치과 질환이 경미한 경우 토끼는 아무런 증상을 보이지 않는다. 그러나 한번 치아가 영향을 받으면 시간이 지남에 따라 치아 질환이 다른 모든 치아에 영향을 미친다.

식욕부진, 음식섭취 감소, 입맛이 까다로워짐, 음식을 입에 넣기 어려움을 포함하여 식사능력 또는 패턴의 변화가 일어난다. 구강 통증은 식욕부진과 식사곤란을 유발한다.

식습관의 변화는 배설물의 변화를 초래하며 대변의 크기와 모양을 변화시킨다. 통증으로 인해 침을 과도하게 흘리거나 턱 아래 탈모 및 습진이 발생한다.

상악 치아의 뿌리, 특히 상악앞니의 연장은 부비동을 자극하여 콧물을 유발한다. 토끼는 그루밍을 많이 하는데 콧물이나 침 흘림으로 인한 분비물이 앞다리를 지저분하게 하므로 앞다리의 털이 헝클어진다.

눈물이 많아지고, 안구돌출이 되며, 안면부종이 나타난다. 상악앞니의 뿌리는 누관에 가깝기 때문에 상악앞니의 뿌리가 길어지면 코 눈물관의 폐색을 유발하여 내안각 주변이 축축해진다. 치아 주변에 형성되는 농양으로 인해 안면 종괴와 부종이 발생할 수 있다.

③ 진단

치과 질환의 진단은 환자의 병력 청취 및 혈액검사, 진정상태에서 구강검사 및 방사선촬영을 통해 진단할 수 있다. 방사선은 치과 질환이 의심되는 토끼에게 필수검사이다.

④ 치료

치과 질환의 치료는 치아를 정상 길이로 되돌리고 정상적인 교합을 회복하고 병든 치아를 발치하며 관련 농양을 치료하는 것이다.

치관 높이 감소는 치과 질환의 초기단계에는 쉽게 시도할 수 있지만 중증의 치과 질환의 경우 치관 높이 축소술을 반복적으로 시행해야 하는 어려움이 있다. 마취 없이 치관 축소는 불가능하다.

토끼의 안면이나 턱의 농양은 종종 감염된 앞니나 뺨치아의 치근단 부위와 관련 있다.

⑤ 예방

적절한 영양섭취와 섬유질 급여는 치아 질환을 예방한다. 섬유질이 많은 음식을 무제한으로 먹도록 도와준다. 양질의 티모시 건초인 풀과 섬유질이 많은 녹색잎 채소는 치아 마모에 도움이 되는 턱의 연삭운동을 촉진하는 식품이다.

알팔파 건초는 칼슘 함량이 매우 높다. 빠르게 성장하는 어린 토끼에게는 좋은 선택이지만 성체 토끼에게는 요로 질환을 유발할 수 있다.

토끼가 햇볕을 쬐는 동안 다양한 풀을 뜯도록 허용해야 비타민D 결핍을 예방할 수 있다.

펠렛을 먹이는 경우 알파파 기반이 아닌 티모시 건초 기반이어야 한다. 펠렛은 섬유질 품과 건초에 필요한 분쇄동작이 아니라 치아 연마운동에 도움이 되지 않는다.

2) 하악 농양

토끼는 하악 농양이 상악 농양보다 더 흔하다. 종종 농양은 만져질 수 있는 종괴로 나타난다. 농양의 일차 치료는 1개 이상의 감염된 치아를 제거하는 것이다.

농양의 추가 치료는 농양의 반복적인 절개 및 세척, 전신 항생제 등이 포함된다.

3) 치아 부정교합

토끼의 앞니와 어금니는 평생 동안 자라는데 마주 보는 치아를 서로 갈아서 적당한 길이를 유지한다. 유전적인 부정교합 등으로 아래턱에 이상이 있는 경우 앞니가 많이 자라게 되어 먹고 마시기가 어렵게 된다. 때때로 웃자란 길이를 잘라주어 일시적인 교정을 할 수도 있다. 깨끗하고 단단한 나무막대기나 상품화된 미네랄 스톤 등을 넣어주면 토끼가 치아를 가는 데 도움이 되며, 침을 심하게 흘리거나 음식 먹기가 곤란하면 치아를 잘라주어야 한다.

① 증상

부정교합은 특정 음식의 일관성을 유지하기 어렵게 만들어 토끼가 섬유질 건초보다 더 작고 부드러운 음식을 선택하게 한다. 하악 뺨치아의 부정교합으로 인해 혀가 끼어 토끼가 치아 쪽으로 음식을 옮기는 것이 어렵거나 불가능할 수 있다. 부정교합은 토끼가 입을 완전히 닫는 능력을 제한하여 침을 흘리게 한다. 선천적 혹은 후천적 부정교합으로 물이나 음식을 제대로 먹지 못한다. 앞니가 과도하게 자라 턱이 맞지 않는다.

② 예방

단단한 나무 혹은 미네랄 스톤 등을 제공하여 치아를 자연스럽게 갈게 만든다. 과도하게 자랐을 때는 동물병원을 방문하여 잘라주어 길이를 맞추어 준다.

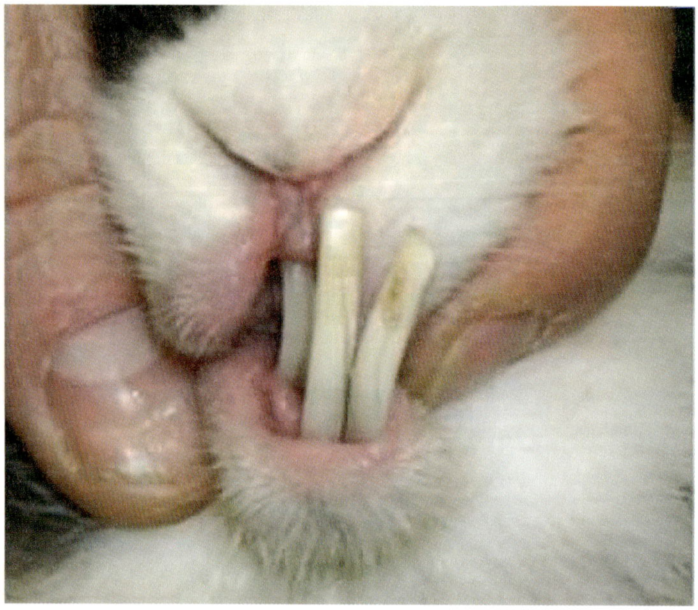

그림 13-6 토끼의 치아 부정교합

출처: https://www.ardmorevets.co.uk/advice.aspx?a=708&clientId=20108

4. 기니피그

1) 치아 부정교합

① 증상

선천적 혹은 후천적 부정교합으로 물이나 음식을 제대로 먹지 못한다. 앞니가 과도하게 자라 턱이 맞지 않는다.

② 예방

단단한 나무 혹은 미네랄 스톤 등을 제공하여 치아를 자연스럽게 갈게 만든다. 과도하게 자랐을 경우에는 동물병원을 방문하여 잘라주어 길이를 맞추어 준다.

5. 햄스터

1) 치아 부정교합

① 증상

선천적 혹은 후천적 부정교합으로 물이나 음식을 제대로 먹지 못한다. 앞니가 과도하게 자라 턱이 맞지 않는다.

② 예방

단단한 나무 혹은 미네랄 스톤 등을 제공하여 치아를 자연스럽게 갈게 만든다. 과도하게 자랐을 경우에는 동물병원을 방문하여 잘라주어 길이를 맞추어 준다.

Chapter

14 안과 질환

반려동물의 안과 질환으로는 각막에 상처가 나는 각막궤양, 수정체가 혼탁해지면서 시야가 뿌옇게 흐려지고 심하면 아예 보이지 않게 되는 백내장, 안압이 올라 혈관을 막거나 시신경을 눌러 신경 기능에 이상이 오는 녹내장이 있다. 그중에서도 질환의 진행 속도가 빨라 한순간에 시력을 잃어버릴 수 있는 것은 녹내장이다. 시츄나 페키니즈처럼 눈이 튀어나온 견종에게 흔하게 발생하는 각막궤양이 최근에는 자가 각막 이식술이 발달해 멀쩡한 각막의 일부를 이식해 완치율이 높다.

수정체 탈구(수정체가 본래 위치에서 벗어나 제 역할을 못 하는 상황)는 예전에는 통째로 제거하였으나 지금은 수정체를 제거한 다음, 수정체 역할을 새로이 할 인공렌즈를 실로 걸어 초점을 맞추도록 한다.

개는 사람에 비해 시각 의존도가 낮은 편이다. 개의 시력은 0.2~0.3 정도로 실명을 해도 한두 달이면 적어도 자기가 사는 공간(집)에 대해서는 완전히 적응하기 마련이다. 이 때문에 눈 질환이 심각할 경우 안구를 적출하는 것도 방법이다. 시력을 잃는 이유가 꼭 눈에만 있지 않다. 다른 신체 부위, 특히 뇌에 문제가 있는지 확인할 필요가 있다.

반려동물의 기초안과검사

첫 번째는 시력에 대한 평가이다. 눈의 전반적인 상태를 육안으로 관찰하면서 각종 신경반응 여부와 시력을 확인하기 위한 다양한 검사가 진행될 수 있다. 이 검사로 특정 자극에 대한 반응을 평가해 증상과 예상 질병과의 연관성을 확인할 수 있다. 이상이 있다면 실제 시력에 문제가 발생했거나 특정 신경계통 문제가 있을 가능성이 있다.

두 번째는 눈물 양 검사이다. 사람들도 건조한 실내에서 건성안으로 고생하는 경우가 많다. 반려동물도 눈물이 충분히 나와야 눈을 건강하게 유지할 수 있다. 눈물양이 적어 건조할 때는 눈이 충혈되고 분비물이 많이 나오는 증상이 생길 수 있다. 이를 '건성 각결막염'이라고 한다. 외부손상에도 취약해져 각막궤양으로 이어질 수 있다. 이때는 눈물 양을 보충해 주기 위한 치료가 필요하기 때문에 비슷한 증상이 나타나면 눈물 양을 확인해 볼 필요가 있다.

세 번째는 안압검사이다. 눈은 마치 적절한 압력의 물풍선과 같다. 눈 안의 물이 제대로 순환하지 못하고 안쪽에서 차기 시작하면 물풍선이 탱탱해지는 것처럼 눈 안의 압력이 올라간다. 이렇게 되면 눈에 심한 통증이 발생하고 시각을 담당하는 시각세포와 신경이 높은 압력에 의해 영구적으로 손상된다. 이를 '녹내장'이라고 한다. 집에서는 별다른 눈의 증상이 확인되지 않을 수 있고 심해지면 눈을 찡그리고 아파하거나 눈이 충혈되고 눈곱이나 눈물이 많아진다. 검은 눈동자가 구름이 낀 것처럼 뿌옇게 변하기도 한다. 비슷한 증상이 있을 때는 안압검사를 진행해서 녹내장이 있는지 확인해야 한다. 특히 안압이 높게 된다면 짧은 시간에도 시력을 잃을 수 있기 때문에 가급적 빠른 처치가 필요하다.

네 번째는 형광염색검사이다. 눈동자 표면을 '각막'이라고 하는데 외부 자극에 의해 상처가 나기 쉽다. 이를 '각막궤양'이라고 말한다. 검사는 형광염색액을 눈에 떨어뜨려 염색 여부를 평가한다. 궤양이 발생한 부분은 형광빛으로 염색이 되는 것을 확인할 수 있다. 각막궤양이 적절한 때 회복되지 못하거나 감염이 발생하면 눈에 깊은 구멍이 뚫리는 '각막천공'으로 이어질 수 있다. 만약 눈을 잘 못 뜨고 충혈되거나 눈 분비물이 많이 나온다면 빠르게 검사를 진행해 환자상태를 진단해야 한다.

위 네 가지의 기본안과검사 결과를 종합해 환자를 평가한다. 이를 토대로 진단을 내릴 수 있고 기본검사만으로 원인을 찾을 수 없을 때는 정밀검사가 필요하다. 사람이 다니는 안과병원과 마찬가지로 현미경을 통해 눈 안의 미세병변들을 확인하고 안구초음파를 이용해 눈 안쪽 안 보이는 병변들을 확인하는 등 정확한 진단과 치료를 위한 다양한 검사가 가능하다.

출처: 헬스경향 http://www.k-health.com

1. 개

1) 각막염

각막은 눈을 감싸고 있는 유리창 같은 조직으로 눈동자 가장 바깥쪽의 투명한 막이다. 각막염은 각막에 염증이 생긴 것으로 대부분 외부의 자극이나 감염에 의해 각막염이 발생한다.

① 원인

눈꺼풀이나 속눈썹 혹은 눈 주변의 털이 각막을 찌르거나, 눈을 비빌 때 발톱에 상처를 입는 경우가 가장 흔한 각막염의 발생 원인이다.

② 증상

증상은 갑자기 눈을 잘 못 뜨고, 눈을 시어하고 눈물과 눈곱이 많이 흐르게 된다. 자세히 살펴보면 검은 동자가 다친 것을 볼 수도 있다. 종종 눈꺼풀이 붓기도 한다.

건조증은 흔히 사람에서 눈곱이 끼고, 약간의 뻑뻑함, 통증을 유발하는 정도의 증상이 많아 대수롭지 않게 생각하는 경우가 많으나, 실제 장기간 건조증이 방치될 경우 심각한 문제를 유발할 수 있다. 장기간 부족한 눈물량이 지속되면서 만성적인 자극이 각막에 주어지고, 그로 인해 색소가 낎이 찬다. 시력의 감소도 유발된다.

③ 치료

치료는 각막의 손상 정도에 따라 안약으로 간단히 치료할 수 있는 상태에서 수술을 해야 되는 단계까지 다양하다.

2) 결막염

결막은 눈꺼풀 안쪽과 각막이 연결되는 부분의 조직이다. 결막에 염증이 생기면 작은 실핏줄이 늘어나 붉게 눈이 충혈되는 것을 볼 수 있다. 때로 가려움증 때문에 눈을 심하게 비비면서 각막염을 일으키기도 한다.

개의 눈이 충혈되어 결막염이 되는데 결막의 종류는 안검과 안구가 있다. 안구결막은 얇고 무색투명하며, 흰자위를 덮고 있고, 안검결막은 안구결막보다 두껍고 불투명하며 표면을 덮고 있다. 개 결막염은 결막낭의 점막에서 염증이 생기는 것을 말한다. 그로 인해 눈물 및 눈곱이 계속 분비되는데 영양분이 많아서 세균 및 곰팡이가 증식되기 쉽다.

① 원인

원인은 털이나 먼지 등의 이물이 들어가 결막을 자극한 경우나, 세균 바이러스 등의 감염 또는 알레르기 등이다. 다른 이유로는 아스퍼지루스속 곰팡이에 의해 검은색 분비물이 나오는 알레르기성인 경우 심한 가려움증이 동반되어서 발톱으로 긁게 되고 안구 및 주변 손상이 일어나기도 한다. 눈에 약물에 의한 자극으로도 발생한다. 꽃가루, 담배 연기 등에 의해서도 발생할 수 있다.

② 증상

가장 큰 증상으로는 눈 충혈을 들 수 있다. 또한 염증에 의한 자극으로 노란색의 점도 있는 눈물과 눈곱이 많이 끼게 된다.

③ 치료

결막염은 각막염에 비해 비교적 쉽게 치료된다. 자극을 최소화하고 안과용 소독액, 생리식염수 등으로 안구를 잘 씻어주어야 한다.

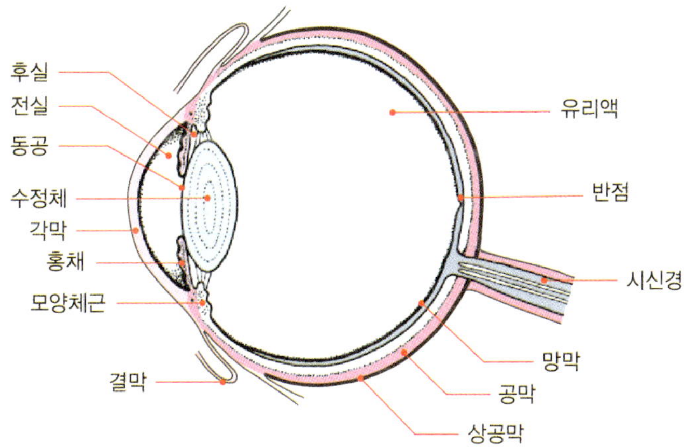

그림 14-1 눈의 구조

출처: https://whereisend.tistory.com/217

3) 백내장

① 증상

백내장은 수정체가 백색으로 탁하게 변화되는 것을 말한다. 노령견에게 보이는 대표적인 질병이다. 보스톤 테리어, 골든리트리버, 코커스패니엘, 미니어처 슈나우저, 시베리안 허스키, 올드 잉그리쉬 쉽독 등에서 잘 발생하지만 품종에 관계없이 백내장 증상을 보일 수 있나. 눈을 보아 수정체 안쪽이 하얗게 흐려져 있는 것을 관찰하게 되면 백내장을 의심해야 한다. 당연히 시력이 떨어지고 진행되면 실명할 수도 있다.

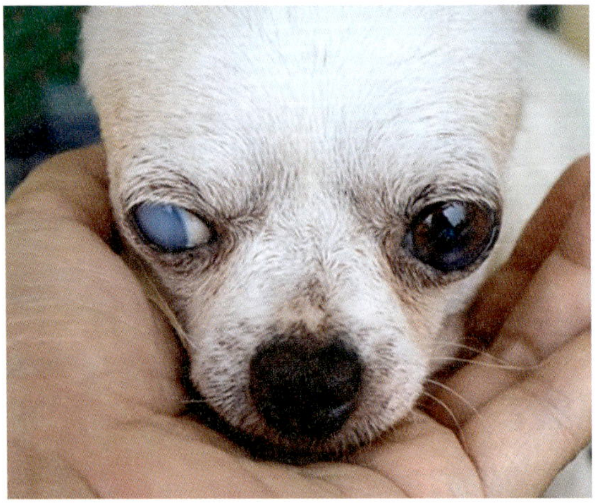

그림 14-2 개의 백내장

출처: https://v.daum.net/v/YqX1ANsbKy

② 원인

성견의 경우에는 당뇨병에 의한 합병증으로 오는 경우나 선천적인 경우가 많고 노령견은 노화에 의해 나타난다. 단백질이 수정체에 쌓여가며 수정체 색깔이 백색으로 변화되는데, 수정체의 한 부분이나 전체가 하얗게 변화되어 간다. 백내장은 회복되지 못하므로 치료는 수술을 하게 된다. 대부분은 수정체를 제거해서 사물을 식별할 수 있도록 해준다.

4) 건성 각결막염

눈물이 부족해서 각막과 결막이 건성화되는 것을 건성 각결막염이라 한다. 안구가 건조해져서 각막이나 결막에 염증이 생기게 되고 가려워서 앞발로 자꾸 긁게 된다. 건조 상태가 방치되면 염증이 심해진다. 원인은 선천적으로 눈물이 부족한 경우나 나이가 들어감에 따라서 눈물샘이 위축되거나 기능장애에 의해 발생하기도 하고, 홍역 등의 감염에 의해 안구가 건조해지는 경우도 있다. 치료는 인공 누액을 이용한다. 때로는 눈물 분비를 촉진하는 약을 쓰기도 하는데 점안액이 마르지 않고 오래가는 약제를 사용한다.

5) 안검 내번증

안검은 눈꺼풀을 말하는데 안검 내번증이란 안검이 안쪽으로 말려 들어가 있는 상태를 말한다. 눈꺼풀이 안쪽으로 말려 있기 때문에 눈동자를 찌르고 자극하여 각막 표면에 불쾌감이나 통증을 일으키고 각막염과 결막염을 유발한다. 가려움 때문에 눈을 문지르고 눈물이 많이 흐르게 된다. 안검 내번증에 의한 만성 각막염이 되지 않기 위해서는 조기에 치료하는 것이 좋다. 원인은 선천적인 안검의 이상이다. 치료는 수술로 교정하는 것이다.

6) 안검 외번증

안검 내번증과는 반대되는 현상이다. 안검이 위로 치켜 올려 있거나 늘어져 있어 눈꺼풀 안쪽의 눈물샘이나 결막이 항상 공기에 드러나 건조해지고 세균 감염이 쉽게 된다. 이에 따라 안검의 저항성이 떨어지고 눈곱이나 눈물이 많이 나오게 된다. 또한 눈을 신경 쓰는 동작을 되풀이하게 된다. 결막염이나 각막염이 발생하기도 한다. 세인트 버나드, 불독 등 얼굴의 피부가 늘어져 있는 개에게 많이 나타난다. 결막염이나 각막염이 있을 때 치료는 가벼운 경우 증상이 쉽게 회복되지만, 원인치료는 수술로 안검을 교정하는 것이다.

7) 순막 노출증

어느 날 갑자기 강아지의 눈 안쪽에 콩알만 하게 빨간 혹이 돋아나는 경우가 있다. 개의 눈 안쪽에는 제3안검이라는 특별한 조직인 순막이 있는데, 이것이 밖으로 빠져나온 것이다. 대부분 유전적인 원인과 염증 때문에 순막 노출증이 발생한다. 주로 비글, 코커스패니엘과 같은 품종에서 흔히 발생한다. 치료는 점안 약은 별로 효과가 없기 때문에 수술을 해야 한다.

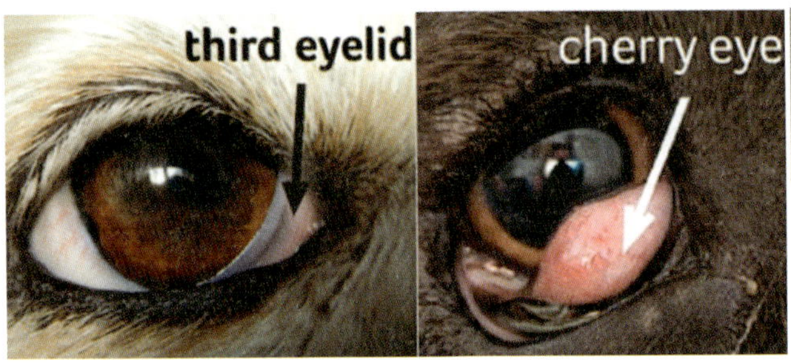

그림 14-3 개의 제3안검(third eyelid)과 체리아이(cherry eye)

출처: https://m.kmib.co.kr/view.asp?arcid=0924204703

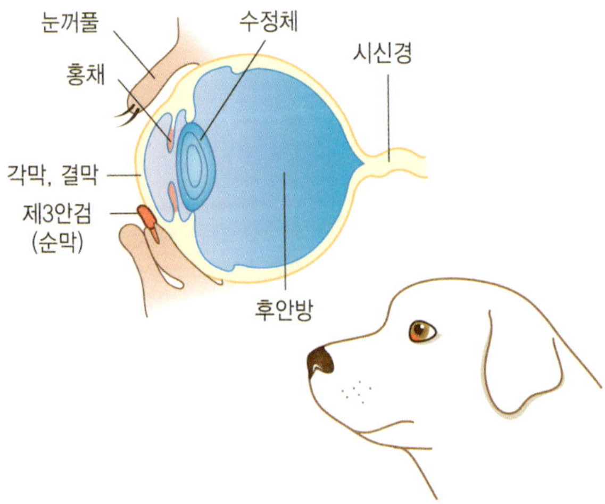

그림 14-4 개의 제3안검

출처: https://post.naver.com/viewer/postView.nhn?volumeNo=9699178&memberNo=39098813

8) 유루증(tear staining syndrome, TSS)

유루는 눈물이 흐르는 것으로 유루증이란 눈물이 과도하게 흘러 눈 밖으로 넘쳐 나는 것을 말한다. 주로 말티즈, 푸들 같은 품종에서 흔하게 나타나는데, 눈물 속의 라이소자임 색소가 흰털을 물들여 갈색이나 검은색으로 지저분하게 변색시키게 된다. 또한 시츄같이 눈이 큰 품종에서도 유루증이 잘 발생한다. 안검 내번증 등에서도 유루증이 나타나지만, 눈물이 흘러 코로 빠져나가는 누비관(nasolacrimal duct)이라는 구멍이 막히는 경우에도 발생한다. 눈물의 과다분비는 눈물 분비량 평가 검사로 알 수 있고, 눈물의 분비량을 줄여주는 수술을 하거나 누비관의 폐쇄 시에는 누비관을 뚫어주는 수술을 한다.

눈물이 빠져나가는 관이 막히는 경우가 '누비관 폐쇄증'인데, 누비관은 눈물이 코로 흘러 빠져나가는 눈물의 하수도와 같은 도관이다. 그런데 간혹 이 누비관이 막히는 경우가 있다. 누비관은 머리카락 두께 정도로 가늘어서 염증이 있거나 자극이 있으면 쉽게 막힐 수 있다. 때론 선천적으로 누비관이 눌리거나 너무 좁아 잘 막히는 강아지들도 있다. 누비관이 막힐 때는 병원에서 마취를 하고 누비관 개통술을 통해 유루증을 해결할 수 있다. 눈꺼풀이나 속눈썹이 눈을 찌르는 경우는 주로 눈이 큰 품종들이나 안검 내번증이 있는 개들에서 잘 나타난다. 시츄가 가장 대표적으로 유루증을 가지고 있는 품종인데 눈동자가 크고 코가 납작해서 눈이 잘 찔리기 때문이다. 구조적으로 눈꺼풀이 눈을 찌르는 상태라면 성형수술을 통해 유루증을 해결한다.

이 외에 다른 원인으로는 눈물샘 자체의 문세나 각막 또는 결막의 염증으로 눈물이 많이 흐르는 경우가 있다. 눈물은 정상적으로 눈물 분비량 측정지를 통해 검사해 보면 1분에 5mm 정도 분량으로 흐르는데, 때에 따라 이 눈물 양이 많거나 적은 경우가 있다. 눈물 분비량이 적으면 안구 건조증이 되고 눈물 분비량이 많으면 유루증이 된다. 만일 눈물 분비량이 많은 경우에는 눈물을 줄여주는 치료를 받는다. 유루증은 강아지에게 습진 등 피부병을 만들고 또 시큼한 냄새를 풍겨 문제가 된다. 평상시에는 눈물이나 눈곱을 강아지용 안구세정제를 이용하여 닦아내는 것이 도움이 된다.

그림 14-5 개의 유루증

출처: https://m.hankookilbo.com/News/Read/201701181440204040

9) 녹내장(glaucoma)

녹내장(glaucoma)은 안압이 높아져 망막과 시신경을 압박해 시력에 문제가 생기고 실명으로까지 이어질 수 있는 질환이다. 일반적인 반려동물의 정상적인 안압범위는 10~25mmHg 정도다. 만일 안압이 25mmHg 이상이거나 양쪽 눈의 안압이 20% 이상 차이가 난다면 녹내장을 의심해 볼 수 있다.

안압에 영향을 주는 요인은 각막과 홍채 사이, 홍채와 수정체 사이에 존재하는 액체 성분인 안방수이다. 안방수는 눈에 영양분을 공급하고 병원균의 침입으로부터 눈을 방어하면서 생성·배출되는데 이 과정에서 안압이 적절하게 조절된다. 하지만 이런 안방수 순환과정에 문제가 생기면 녹내장이 나타나게 된다.

녹내장의 종류는 안방수가 지나치게 생성돼 안압이 올라가는 '개방우각 녹내장'과 안방수가 잘 배출되지 못해 안압이 올라가는 '폐쇄우각 녹내장'으로 나뉜다. 개에게 생기는 녹내장은 대부분 폐쇄우각 녹내장으로 심한 통증과 함께 포도막염 등과 같은 합병증이 나타날 수 있다.

① 증상

녹내장의 초기에는 눈동자 혼탁, 눈곱, 충혈 등의 증상을 보인다. 특히 심한 통증으로 인해 반려견이 괴로워하는 모습을 보인다. 안압이 40mmHg 이상인 상태로 72시간이 지나가면 영구적으로 시력을 잃을 수도 있다.

② 치료

녹내장은 진행 속도가 빨라 발견 즉시 안압을 낮추는 치료를 시작해야 한다. 시력이 남아 있다면 약물치료를 시행하는데 이 경우 평생 약물을 투여하게 된다. 약물치료에 효과가 없거나 급격히 상태가 악화돼 앞을 보지 못하게 됐다면 반려견의 통증을 없애 주기 위해 안구를 제거하는 수술을 진행하기도 한다. 반려동물의 녹내장은 사람의 녹내장보다 진행 속도가 빠르다. 녹내장은 발생한 지 1~2일 만에 응급처치를 받으면 약물로 치료할 수 있지만 그 시간이 지나면 수술을 해야 한다.

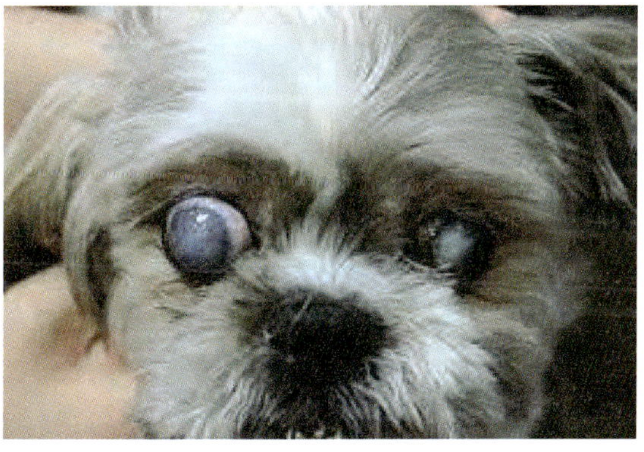

그림 14-6 개의 녹내장

출처: http://www.hanvitah.co.kr/bbs/board.php?bo_table=sub04_01&wr_id=23

Chapter

15 기타 질환

1. 개

1) 귀의 질병

귀를 자주 긁고 귀에서 불쾌한 냄새가 나면 귓병을 의심해 볼 수 있다. 머리를 흔들거나 비비고 머리를 한쪽으로 기울이는 경우도 귓병이 나타났을 때 보이는 증상이다. 또 귀에서 나오는 분비물, 즉 귀지가 평소보다 많을 때는 귓병을 의심해 봐야 한다. 개의 귀 질병은 곰팡이와 세균으로 발생하는 경우가 많다. 알레르기가 있거나 종에 따라 귀 질병이 자주 혹은 심하게 생길 수 있다.

반려견의 귀 검사

반려견의 귀는 이개, 외이도(수직, 수평으로 분류), 중이, 내이로 분류돼 있다. 이때 외이도염은 귀 질환 중 가장 흔하게 발생하는 질환이다. 외이도염은 기생충, 세균, 곰팡이, 이물질, 알레르기 등의 원인으로 발생한다. 또한 개의 외이도는 사람과는 다르게 'ㄴ'자 모양으로 된 해부학적 구조 때문에 외이도염이 잘 발생한다.

외이도 염 진단방법은 검이 경을 통한 육안적인 평가와 귀지 채취 후 세포학적 평가가 있다. 이때 검이 경을 통해서는 기생충, 이물질, 이도의 상태를 육안으로 검사할 수 있고 채취한 귀지를 염색해 세균, 곰팡이 등을 현미경으로 세포학적으로 검사할 수 있다. 또 만성적 발병으로 세균이나 곰팡이 감염 때문에 치료가 잘 안 될 때는 배양검사를 통해 원인균을 검출해 그에 맞는 약을 찾거나 항생제 또는 곰팡이 약에 대한 감수성 검사를 실시하기도 한다.

출처: 헬스경향 http://www.k-health.com

(1) 외이염

외이염은 외이도에 염증이 있는 것을 말하는데, 외이도란 고막까지의 귓구멍을 말한다. 코커스패니엘같이 귀가 늘어져 있는 품종에서 흔히 발생하는데, 알레르기가 있는 개들에서 외이도염이 나타나기도 한다. 외이도염의 증세는 귓속에서 악취가 나고 검은색 또는 갈색의 귀지가 나오게 된다. 심한 경우 귀가 붓고, 가려움으로 상처가 생기기도 한다. 원인은 세균과 곰팡이 등의 혼합감염이 대부분인데, 종종 기생충이나 이물 때문에 외이도염이 발생하기도 한다. 또한 귓구멍 안의 귀지에 이상이 생기는 경우에도 분비물이 많은 외이도염이 발생한다.

보호자들은 외이도염이 있는 경우 귀 청소를 더 자주 해주는데, 이것은 외이도염을 오히려 악화시키는 결과가 된다. 따라서 염증의 치료를 먼저 해주어야만 한다.

2) 비만

개의 비만의 실제적인 효과에 연관돼 중요하게 연구된 질병은 골관절염이다. 이상적인 체중을 유지하는 것은 심신을 쇠약하게 하는 조건의 예방과 치료에 도움을 준다. 체중관리는 IVDD(intervertebral disc disease, 경추추간판탈출증, 일명 디스크)의 가능성이 있는 개에게 강하게 추천된다. 과도한 체중이 석회화된 디스크에 부가적인 스트레스를 유발할 수 있고 디스크 탈출의 위험성을 증가시킨다.

갑상선기능저하증은 개의 체중이 증가하는 요인 중 하나이기 때문에 이러한 개에서 갑상선기능저하증을 배제하기 위해 반드시 정기적으로 갑상선 수치를 확인해야 한다. 과체중이라 해도 대부분의 많은 개는 갑상선 수치가 정상이다.

개들은 사람처럼 관상동맥질환의 위험성이 있지는 않지만 개의 비만은 다양한 심호흡기계 상태와 관련이 있다. 비만은 기도의 기능 이상, 기관협착, 기관허탈과 연관돼 있다.

비만이 가져오는 악영향은 사람에서와 마찬가지로 너무나 많다. 반려견은 7세 이상부터 중년, 노령으로 넘어가게 된다. 비만도가 높을수록 중증질환을 가질 확률이 높아지고, 인간보다 4배 이상 빠른 속도로 진행된다.

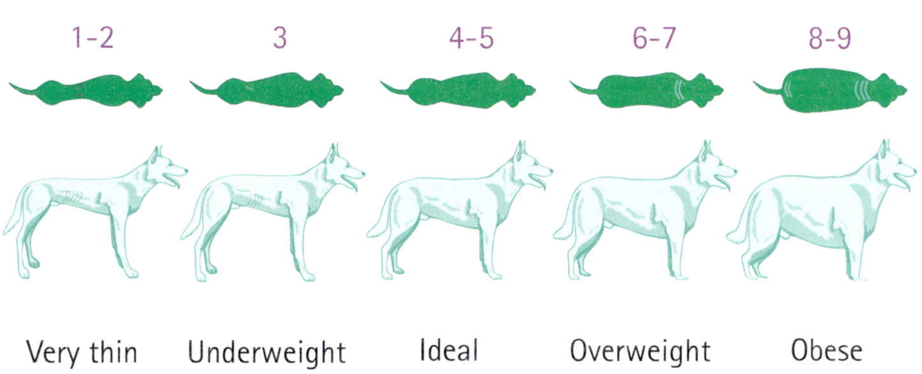

그림 15-1 반려견의 BCS 9단계 기준

출처: https://www.bbraun-vetcare.com.au/en/stories/body-and-muscle-condition-scoring.html

개의 비만도 측정

개의 비만도는 'BCS(body condition score)'라는 지표를 기준으로 삼는다. BCS는 5단계나 9단계로 나누어 볼 수 있다. 5단계에서는 3단계, 9단계 기준에서는 4~5단계가 표준의 체형을 나타낸다. 9단계 기준에서는 6~7단계는 경도비만, 8단계는 중등도비만, 9단계는 고도비만을 나타낸다. 최근에는 BFI(body fat index)라는 기준에서 체지방 정도를 체형으로 확인하고 적정 체중을 체크하는 방법이 있다.

개는 BCS 7/9 이상이거나 BFI 50% 이상일 때를 일반적인 비만견으로 본다. 대형견종의 수명에 관한 연구에서 이상적인 body condition score(BCS)인 4/9~5/9의 개는 약간 과체중인 6/9~7/9의 개에 비해서 보통 1.8년 더 오래 살았다는 것을 알아내었다.

반려견의 비만문제는 날로 심각해지고 있다. 선진국의 반려견 중 20% 이상이 건강에 중요한 영향을 미치는 비만으로 분류된다. 반려견은 이상적인 체중보다 15~20% 높으면 비만으로 분류되며 이 경우 가슴을 만져도 갈비뼈가 만져지지 않는다. 암컷 반려견은 살이 더 쉽게 찔 확률이 높고, 중성화된 반려견의 비만 가능성은 중성화되지 않은 반려견의 2배에 달한다. 비만은 현대인과 반려동물에게 '공공의 적'이다.

개의 비만도 측정에 의한 다이어트 전략

개의 비만도인 'BCS(body condition score)'는 아래 공식을 이용한다.

[현재 체중×(100−체지방 %)/0.8 = 정상 체중]

예를 들어 현재 체중이 8kg인 강아지가 BCS 스코어에서 7/9였다면 체지방의 비율이 30%이다. 따라서 공식에 대입하면 아래와 같은 값을 얻을 수 있다.

[8kg×(100−30%)/0.8 = 8×0.7/0.8 = 7kg]

즉, 이 반려견은 적정 체중이 7kg이다. 그러면 다이어트를 어떻게 해야 할까? 다이어트의 기준은 일주일에 체중의 1% 정도까지 감량한다. 8kg일 때는 0.08kg이다. 적정 체중에 도달하기 위해서는 최소한 2달~3달 사이 다이어트를 계획할 수 있다.

비만의 원인은 바로 간식이다. 애처롭게 쳐다보는 반려동물의 눈빛을 이겨내고 간식을 주지 말아야 한다. 어쩔 수 없이 주더라도 사료 대 간식의 비율을 하루 9 : 1로 맞춰야 한다. 반려동물 다이어트의 성공은 바로 먹을 것을 달라는 반려동물의 유혹에 절대 넘어가지 않는 것이다.

어떻게 다이어트를 잘 할 수 있을까? 다이어트한다고 반려동물에게 밥을 주지 않으면 안 된다. 모든 끼니를 주면서 칼로리를 줄여야 한다. 사료는 단백질 함량이 높고 칼로리는 낮은 게 좋다. 또한 식이섬유가 많이 포함된 사료는 전체 사료 칼로리를 낮춰줄 수 있다. 시중에 다이어트 처방사료가 있으니 이 사료를 먹여보는 게 좋다. 다이어트에 도움을 줄 수 있는 영양 성분도 있다. L-카르니틴은 지방대사를 촉진하여 체지방을 감소시킨다. 오메가6 지방산인 공액리놀레산도 체중과 지방축적을 감소시키며 디아실글리세롤은 체중, 지방과 콜레스테롤과 중성지방을 감소시킨다.

그림 15-2 개의 비만

출처: https://m.blog.naver.com/sdvm/221611947888

3) 종양

종양은 크게 양성종양과 악성종양으로 구분할 수 있다. 지방종이나 선종은 양성종양이며 육종, 편평세포암종, 림프종은 악성종양에 포함된다. 악성종양과 양성종양은 육안으로 구별할 수 있는 때도 있지만 대부분 조직검사를 해야만 정확하게 진단할 수 있다.

림프암은 면역력에 최악인 종양으로 반려동물의 몸에서 면역을 담당하고 있는 임파선, 즉 림프구에 생기는 종양이다. 피부암에는 다양한 종류가 있지만 가장 흔하게 보이는 종양은 비만세포종양이다. 뾰루지, 혹처럼 생긴 종양인데 주로 발가락 사이, 옆구리, 다리에서 발견되는 종양이다. 유선종양은 암캐 4마리 중 1마리에게 발병할 정도로 매우 흔하게 나타나며 유선 쪽에 봉긋하게 종양이 피부 위로 올라와 있다면 유선종양을 의심해 보아야 한다.

(1) 암에 걸린 반려견을 위한 식이요법

노령견의 증가에 따라 암에 걸리는 개들이 많아지고 있다. 치료방법으로 항암제나 동종요법을 선택하기도 하고 이를 병행하는 경우도 많다. 치료와 함께 음식을 올바르게 선정, 공급하는 일 또한 중요하다.

개는 해부학적으로 육식동물에 가까우며 치아를 이용해 고기와 지방을 찢어서 삼킨 후 이를 위에서 장시간 소화시킨다. 사람과 달리 곡물이나 채소를 잘게 씹어 먹을 수 있는 편평한 어금니가 없기 때문에 이를 다량 섭취할 경우 위보다 장에서 오랜 시간 음식물이 머무르게 돼 대변량이 많아지고 악취가 발생한다. 암을 앓는 개에게는 소화에 부담이 되는 곡물을 배제하고 채소를 소량 먹이는 것이 좋다.

암 치료에 가장 도움이 되는 식단은 저탄수화물, 고단백질, 고지방 식이다. 암 투병 중인 개에게 이를 2 : 4 : 4의 비율로 공급하면 이상적 식단이 된다. 또 암세포는 탄수화물과 당을 이용해 증식하기 때문에 탄수화물과 당 함량이 적은 음식을 급여해 '암세포를 굶겨 죽이는 식단(cancer starving diet)'을 실시하면 도움이 된다.

개들은 단백질이 많은 아미노산이 함유된 음식을 잘 소화시키는데 모든 아미노산이 함유된 동물성 단백질을 섭취하면 최대의 영양소 섭취효과를 나타낸다. 따라서 콩, 귀리 등 식물성 단백질원보다는 소, 돼지 등 동물성 단백질원을 섭취하는 것이 좋다.

또 품질 좋은 지방이 많이 필요하기 때문에 양, 돼지, 달걀 및 전지 요구르트 등 지방이 풍부한 음식을 제공하면 좋다.

4) 개의 혈액형

개는 13가지 혈액형을 가지고 있다고 알려져 있는데 개 적혈구 표면의 항원(dog erythrocyte antigen)에 따라 13가지로 분류하며, 이를 줄여 DEA라고 표기한다. 국제 기준으로 'DEA1, DEA1.1, DEA1.2, DEA3 DEA4, DEA5, DEA7, DEA8' 8종이 있다. 13가지 중 주요 혈액형은 아래 7가지이다. 주요 개 혈액형 7가지는 DEA1, DEA1.1 DEA1.2 DEA3 DEA4 DEA5 DEA7 혈액형이 해당된다.

독특한 점은 강아지는 사람과 달리 여러 개의 혈액형을 동시에 가질 수 있다. 항원 여부가 기준이기 때문에, 항원이 여러 개이면 혈액형도 여러 개가 된다. 주요 7가지 혈액형 중에서도 DEA1.1 혈액형을 가진 경우가 60% 이상이다. 개 혈액형 중 DEA1-는 사람 O형과 비슷한 혈액형이다. DEA1.1과 DEA1.2에 수혈을 할 수는 있지만, 받을 수는 없다. DEA1-는 DEA1- 혈액만 수혈받을 수 있다. 그레이하운드, 복서, 저먼 셰퍼드, 도베르만 등의 견종은 DEA1-인 가능성이 높다. 그래서 헌혈견으로 환영받는다. 첫 수혈 때는 여러 혈액형의 수혈이 가능해 사람의 경우 다른 혈액형 수혈을 받으면 사망에 이를 수 있어 매우 주의해야 한다. 개도 마찬가지이지만, 독특한 점이 있다. 바로 첫 수혈의 경우, 혈액형과 상관없이 수혈을 받을 수 있다.

개는 수혈받기 전에는 항체 생성이 되지 않아 혈액형이 맞지 않아도 부작용이 없기 때문이다. 단, 예외도 있는데, 예를 들어, DEA7의 경우 처음부터 항체를 가지고 있기 때문에 다른 혈액형을 수혈받으면 문제가 생기게 된다. 또한, 두 번째 수혈부터는 항체가 생긴 상황이기 때문에 반드시 혈액형 검사를 받고 수혈을 받아야 한다.

종종 DEA4 혈액형만 가지고 태어나는 개도 있다. DEA4의 경우 수혈 시 부작용이 없다. 그래서 DEA4만 있는 개 역시 DEA1-와 마찬가지로 헌혈 시 매우 환영받는다. 헌혈 개가 수혈을 받으려면 당연히 헌혈해 주는 개도 있어야 하는데 헌혈하려면 조건이 매우 까다롭다.

[개의 헌혈 조건]

- 25kg 이상 2~8살
- 매월 심장사상충, 기생충 예방해야 함
- 과거 전염성 질환 앓은 경우 불가능
- 출산 후 1년 이후

그래서 국내의 경우 헌혈을 하는 경우가 거의 없어, 혈액 공급을 목적으로 공혈견 및 공혈묘를 사육한다. 현재 한국헌혈견협회(Korean canine blood donor association, KCBDA)에서 이에 대해 알리기 위해 노력하고 있다.

2. 고양이

1) 고양이의 혈액형

고양이는 A, B, AB형 3가지의 혈액형이 있다. 압도적으로 대다수의 고양이는 혈액형이 A형이다. 혈액형이 B형인 고양이는 10% 미만으로 적으며, AB형은 매우 드문 것으로 보고되어 있다. 그러나 특정 품종은 B형의 비율이 높다고 알려져 있는데 브리티쉬 숏헤어, 엑조틱, 랙돌, 버만, 데본렉스 등이 이에 해당한다. 나라와 지역에 따라서 브리티쉬 숏헤어는 30% 이상이 B형 혈액형이기도 하다.

고양이에게 혈액형이 중요한 이유는 사람과 마찬가지로 특정 상황에서 수혈이 필요할 수 있기 때문이다. 심각한 빈혈이나 출혈이 발생하는 경우 수혈 외에는 고양이의 생명을 구할 방법이 없다. 고양이에게 심각한 빈혈을 일으키는 질환은 생각 외로 많다. 적혈구가 갑자기 깨지며 용혈되는 면역매개성 용혈성 빈혈과 진드기 매개성 용혈성 빈혈, 골수의 기능이 억제되어 적혈구를 만들지 못하는 재생불량성 빈혈, 백혈병, 만성 신부전, 간기능 부전에 따른 응고장애로 인한 출혈, 종양으로 인한 출혈과 빈혈 등에서 수혈이 필요하다.

수혈을 하려면 당연히 혈액형을 알아야 한다. A형의 고양이는 A형의 혈액만 수혈받을 수 있고, B형의 고양이는 B형 혈액만 수혈받을 수 있다. AB형의 고양이는 A형과 B형의 혈액을 수혈받을 수 있다. 혈액형이 일치한다고 해도 수혈의 부작용을 최소화하기 위해서 식접 수혈할 혈액과 수혈받을 고양이의 적합성 테스트가 수혈 직전 한 번 더 이루어진다.

이처럼 수혈은 중요한 생명을 살리는 데 필수적이지만 고양이의 혈액은 매우 귀하다. 사람이나 개와 달리 고양이는 체구가 크지 않은 동물이다.

헌혈을 할 수 있는 고양이는 우선 젊고 건강해야 한다.

- 체중이 5kg 이상 되는
- 1~8세 사이의(이상적으로는 1~5세)
- 예방접종이 잘 되어 있는
- 건강한 고양이라야만 헌혈이 가능하다.

체중 5kg 정도의 고양이가 안전하게 헌혈할 수 있는 혈액의 양은 최대 66ml 정도이며, 보통은 50ml 정도를 헌혈하게 된다. 고양이의 혈액은 정말 귀하다. 하물며 상대적으로 흔하지 않은 고양이의 B형 혈액은 고양이 혈액은행에서도 가끔은 공급이 되지 않을 정도로 소중하다.

고양이가 갑자기 너무 아파서 수혈이 필요한 상황이 되고, 하필 혈액형도 B형인 것을 알게 된다면 보호자나 수의사 모두에게 더 응급상황이 되기도 한다. 그래서 미리 혈액형을 알아두면 도움이 된다. 혈액형이 B형인 고양이의 보호자는 미리 큰 병이 생기지 않도록 건강검진을 주기적으로 실시해서 질병을 조기에 관리할 수 있다. 다른 B형 고양이 보호자들과의 연대로 응급상황에서 혈액은행을 통한 B형 혈액의 수급이 어려울 때 서로를 도울 수도 있다. A형 혈액형을 가진 고양이를 키우는 보호자들도 혈액형을 미리 알아두면 응급상황에서 많은 시간을 절약할 수 있다.

고양이의 혈액형 검사는 한 방울도 안 되는 아주 소량의 피를 이용해 5분 정도면 결과를 알 수 있다. 과거보다 혈액형 검사에 드는 비용도 저렴해졌다. 건강검진을 하거나, 항체가 검사를 할 때, 혹은 중성화 수술을 위해 혈액검사를 하게 된다면 혈액형 검사를 같이하는 것이 좋다. 따로 채혈을 하지 않고 이왕 채혈을 하는 기회에 한 방울의 혈액으로 우리 고양이의 혈액형을 미리 알아두면 훗날 큰 도움이 된다. 혹은 정말 도움이 절실히 필요한 고양이가 어려움에 부닥쳤을 때 따뜻한 도움의 손길을 내밀어 볼 수도 있다.

(1) 고양이 품종별 혈액형의 분포(USA, UK, Australia, Blood group in Cats)

A ↓ B

구분	품종	품종별 B형 확률(%)
A 100%	샴	0
	버미즈	0
	통키니즈	0
	아메리칸 숏헤어	0
	오리엔탈 숏헤어	0
B 1~10%	메인쿤	2
	맹크스	(No data)
	노르웨이 숲	7
B 10~25%	히말라얀	7~20
	스코티시 폴드	15~18
	버먼	16
	재패니즈 밥테일	16
	소말리	17~22
	스핑크스	19
	아비시니안	20
B 25% 이상	페르시안	14~25
	엑조틱 숏헤어	27
	코니시 렉스	34
	브리티쉬 숏헤어	40~57
	데본 렉스	41
	터키쉬 앙고라	56

AB형은 데이터로 표기하기 어려울 정도로 발견되지 않습니다.   출처: USA, UK, Australia, Blood group in Cats

그림 15-3 고양이 품종별 혈액형의 분포(USA, UK, Australia, Blood group in Cats)

출처: https://www.thecatclinic.co.kr/mycat/bbs/board.php?bo_table=notice&wr_id=281&page=10

(2) B형 또는 Ab형 신생묘가 태어날 수 있는 혈액형 조합

<table>
<tr><th colspan="2" rowspan="2">Blood type
(Genotype)</th><th colspan="3">엄마 고양이</th></tr>
<tr><th>A형(aa)</th><th>Ab형(carrier b)</th><th>B형(bb)</th></tr>
<tr><td rowspan="3">아빠
고양이</td><td>A형(aa)</td><td>A형(aa)</td><td>A형(aa), Ab형(ab)</td><td>A형(ab)</td></tr>
<tr><td>Ab형=carrier b(ab)</td><td>A형(aa)
Ab형(ab)</td><td>A형(aa), Ab형(ab), B형(bb)</td><td>Ab형(ab), B형(bb)</td></tr>
<tr><td>B형(bb)</td><td>Ab형(ab)</td><td>Ab(ab), B형(bb)</td><td>B형(bb)</td></tr>
</table>

(3) 고양이 혈액형이 B형일 확률

- 1~10%: 메인쿤, 맹크스, 노르웨이 숲 고양이
- 10~25%: 아비시니안, 버먼, 히말라얀, 재패니즈 밥테일, 스코티쉬 폴드, 소말리, 스핑크스
- 25% 이상: 페르시안, 브리티쉬 숏헤어, 데본 렉스, 코니시 렉스, 엑조틱 숏헤어, 터키쉬 앙고라

(4) 대륙별 고양이 혈액형 비율

- 아시아: A형 86%, B형 8%, AB형 6%
- 미국: A형 84%, B형 8%, AB형 8%
- 유럽: A형 76%, B형 21%, AB형 3%
- 오세아니아: A형 72%, B형 27%, AB형 1%

고양이 혈액형은 한국과 일본에서는 A형이 많고, 영국과 호주에서는 B형이 많은 편이다.

3. 햄스터

1) 영양학적 질병

임신한 햄스터에게는 비타민E를 충분히 공급해 주어야 한다. 비타민E가 부족한 경우에는 태아에서 신경계의 변성이 발생할 수 있다. 약하거나 죽은 새끼를 출산하게 되고 어미는 새끼를 먹게 된다. 출산된 새끼는 두개골과 척추가 부어 있고 출혈이 있는 것을 볼 수 있다.

성장한 햄스터에서 비타민E가 부족한 경우에는 근육이 약해지고 이상이 발생하며 마비증상이 나타난다. 비타민E가 충분히 함유된 햄스터 전용사료를 공급하여 예방한다.

2) 비만

비만은 케이지가 너무 좁아 운동할 공간이 없거나 쳇바퀴 등이 없는 경우, 먹이를 너무 많이 먹는 경우에 생긴다. 이때는 넓은 집으로 교체해 주고 사다리나 쳇바퀴 같은 운동기구를 넣어주는 것이 좋다. 햄스터가 비만에 걸리면 운동할 수 있는 활동공간을 마련해 주고 꺼내어 놀아주는 것이 가장 좋다.

햄스터의 비만도 측정

비만도는 보는 사람에 따라 조금씩 차이가 난다. 햄스터가 배를 바닥에 붙이고 다닐 정도라면 비만도가 높은 햄스터이다.

햄스터가 좀 비만이라고 해도 운동을 열심히 한다면 그다지 큰 문제는 되지 않는다. 다이어트 시킨다고 먹이를 일부러 적게 주어서 부족한 먹이로 인해 햄스터가 스트레스를 받는다면, 이것이 햄스터의 건강에 더 나쁠 수 있다. 평상시의 먹이양을 주고, 해바라기씨, 땅콩 등 지방이 많은 먹이는 줄이고 야채, 과일을 적당히 주는 것이 좋다.

① 증상

과도하게 살이 쪘다. 배가 바닥에 닿는다.

② 예방

사육장을 넓게 만들어 주어 운동량을 증가시켜 준다. 운동기구를 넣어 주어 운동량을 증가시켜 준다. 씨앗, 견과류 등 지방이 풍부한 먹이를 줄인다. 햄스터와 함께 놀아 주어 운동량을 증가시켜 준다.

3) 종양

햄스터의 약 4% 정도에서 종양이 발생한다. 그러나 2년 이상의 햄스터에서는 약 50%가량이 발생하고 대부분 양성종양이다. 햄스터에서 가장 흔한 종양은 부신종양으로 양성의 선종이다. 부신종양이 발생한 경우 탈모, 행동학적 변화, 피부 과색소 침착 등의 증상을 보인다. 악성종양으로는 나이든 햄스터에서 림프종(lymphoma)이 발생하고 림프절, 가슴샘, 지라, 간 등의 장기에 침범한다. 림프종에 걸린 햄스터는 활력저하, 체중감소, 부분적인 탈모 그리고 피부염증반응 증상을 보인다.

① 증상

면역력이 감소하여 탈모 및 피부병의 증상을 보인다. 피부가 침착되고 체중이 점점 감소한다. 체력이 저하되어 활동량이 줄어든다.

② 예방

노화로 인한 종양은 건강검진을 통하여 예방하여야 한다. 영양을 골고루 챙겨주어 면역력을 길러준다. 운동량을 풍부하게 해주어 체력을 길러준다. 식단을 다채롭게 해주어야 한다.

4. 기니피그

1) 괴혈병

① 기니피그와 비타민C

기니피그와 영장류는 스스로 비타민C를 생산할 수 없다. 따라서 식단에 비타민C를 섭취해야 한다. 대부분의 다른 동물은 장내 세균총을 통해 자체적으로 비타민C를 생산할 수 있지만 기니피그와 영장류는 그럴 수 없다. 비타민C는 피부, 관절, 잇몸과 같은 점막 표면의 정상적인 발달과 유지에 필수적이다.

기니피그는 스스로 비타민C를 생산하지 못해, 비타민C가 결핍되면 괴혈병에 걸릴 수 있다. 비타민C는 관절과 잇몸 같은 점막 및 피부의 정상적인 발달과 유지를 돕고 상처 치유에도 필수적이다. 만일 부족할 경우 피부 질환이나 감염에 더욱 취약해질 수 있다. 가령 털이 거칠어지거나 사료를 먹지 않고 설사할 수 있으며, 걷는 것조차 꺼릴 수 있다. 이외에도 잇몸 궤양이나 출혈이 발생할 수 있다.

② 증상

기니피그가 피부문제에 취약할 뿐만 아니라 비타민C가 부족하면 신체가 감염을 비롯한 다른 질병에 걸리기 쉽다. 털이 거칠고, 음식을 먹지 않거나, 설사를 하거나, 걷기를 꺼리거나, 통증이 있거나, 발이나 관절이 붓거나, 잇몸이나 피부에 출혈 궤양이 있는 기니피그는 비타민이 부족할 가능성이 높다.

③ 예방

기니피그에게 적정한 하루당 비타민C 용량은 약 10~50mg가량으로, 사료 외에 별도로 보충해 주는 것이 바람직하다. 시판되는 사료에 비타민C가 함유돼 있지만, 양이 불균형하고 빠르게 분해되거나 산화되기 때문이다. 매달 알약이나 액체 형태로 주는 것이 좋다. 단물에 담으면 효능이 떨어질 수 있다. 물에서 빠르게 분해되어 효능을 잃기 때문이다.

2) 종양

기니피그는 다양한 종양에 걸린다. 피부 및 유선종양이 일반적이다. 양성 또는 악성 종양일 수 있다.

3) 비만

① 증상

과도하게 살이 찌고, 배가 바닥에 닿는다.

② 예방

사육장을 넓게 만들어 주어 운동량을 증가시켜 준다. 운동기구를 넣어 주어 운동량을 증가시켜 준다. 씨앗, 견과류 등 지방이 풍부한 먹이를 줄인다. 기니피그와 함께 놀아주어 운동량을 증가시켜 준다.

5. 토끼

1) 토끼의 혈액형

토끼의 혈액형은 40가지나 된다. 40가지 혈액형도 지금까지 나누어 놓은 것이라서 아직 밝혀지지 않은 혈액형이 더 있을 수 있다.

6. 페럿

1) 비만

① 증상

과도하게 살이 쪘다. 배가 바닥에 닿는다.

② 예방

사육장을 넓게 만들어 주어 운동량을 증가시켜 준다. 운동기구를 넣어주어 운동량을 증가시켜 준다. 동물성 먹이 및 습식 사료와 같은 지방이 풍부한 먹이를 줄인다. 페럿과 함께 놀아주어 운동량을 증가시켜 준다.

PART 2

애완동물

Chapter

01 심혈관계 질환

1. 거북이

거북은 파충류에 속하고 알을 낳는 난생 생물이며 몸은 단단한 등딱지 안에 갇혀 있고 배갑과 복갑은 각각 연결되어 상자와 같은 인상을 준다.

종에 따라 서식지가 매우 다양하다. 바다에서 사는 바다거북이나 육지에서만 사는 육지거북도 존재한다.

파충류 중에서는 알을 작게, 많이 낳으며 그만큼 덩치가 작은 새끼들이 많이 태어난다.

거북은 파충류이지만 반수생거북은 거의 물고기와 비슷한 수준으로 대접받는다. 이것이 반수생거북을 파충류숍이 아닌 수족관에서 더 쉽게 볼 수 있는 이유이다. 그나마 육지거북은 제대로 파충류 취급을 해준다. 완전수생거북은 일생의 대부분을 물에 사는 종들을 의미한다. 모든 바다거북들이 이에 해당되지만 현실적으로 가정집에서 바다거북을 기르는 것은 불가능에 가깝다.

1) 일사병

① 원인

- 긴 시간 직사광선을 쬐게 되면 체온이 너무 올라가 혈액이나 내장의 기능

이 쇠약해진다.

② 증상

- 코나 입에서 거품이 나오고 발을 허우적거리는 등 흥분된 상태를 보인다.
- 토하거나 머리 점막이 충혈되어 전체에 붉은 기운과 열기가 느껴진다.

③ 치료

- 서늘한 장소로 옮겨 놓고 냉수를 끼얹거나 머리를 얼음주머니 등으로 식혀 체온을 내린 다음 병원을 찾는다.
- 여름철에는 일광욕을 피하고 봄가을에는 2시간 정도쯤 반그늘 상태에서 보낼 수 있도록 해준다.

2. 기니피그

1) 열사병

① 증상

체온이 빠르게 오르기 시작한다. 침을 흘리면서 하루 종일 누워 있는 증상을 보인다. 기력을 잃어 반응이 없어진다. 탈수 증상을 보이면서 혼수상태에 빠진다.

② 예방

17~25℃로 온도를 맞추어 준다. 사육장을 직사광선이 노출되지 않은 곳으로 옮겨 준다. 에어컨을 틀어 온도와 습도를 조절해 준다.

Chapter

02 호흡기계 질환

1. 거북이

거북은 폐호흡을 해야 하기 때문에 숨을 쉬려면 수면으로 올라와야 한다. 바다거북이 잠을 잘 때는 바다 밑바닥의 으슥한 구석으로 내려가서 숨을 참은 채로 잔다. 쉬거나 잠자는 바다거북은 4~7시간 정도 호흡을 참을 수 있다. 하지만 물속에 너무 오래 있으면 거북도 버티지 못하고 익사한다. 일부 민물거북이나 자라, 장수거북은 신체의 점막기관을 아가미처럼 사용해 물속에서 오래 버틸 수 있다.

1) 호흡기 질환

① 증상

대표적인 증상으로는 거친 호흡 소리와 재채기, 기침, 콧물 등의 증상이 나타난다. 정상적으로 호흡이 불가능하기 때문에 입으로 호흡하거나 고개를 쭉 들어 숨을 쉰다. 맑은 색의 분비물이 아닌 흰색이나 노란색의 분비물을 보이는 경우는 감기가 심해져 폐렴으로 진행된 것일 수 있다. 수생거북의 경우 육지에서 시간을 보내는 시간이 많거나, 호흡을 제대로 못 하여 제자리를 돌거나 거꾸로 헤엄치는 경우도 있다.

② 예방

거북이는 변온동물이기 때문에 사육장 온도가 불규칙하거나, 온욕 시 물이 식어서, 매우 건조한 사육장 등이 호흡기 질환을 유발하는 원인이 된다. 청결하고 온도와 습도를 일정하게 유지시켜 주는 것이 최고의 예방 방법이다. 호흡기 질환은 초기에 잡는 것이 제일 좋은데, 기침을 하거나 콧물을 보일 경우 뜨거운 물에 유칼립투스 오일 세 방울을 뿌려 간이 가습기를 만들어 주어 예방할 수 있다. 겨울에는 온도가 많이 떨어지기 때문에 온도체크를 자주 해주고 온도를 평소보다 올려주는 것이 좋다. 온욕 시에는 물이 빠르게 식지 않게 사육장 내에서 시켜주고 온욕이 끝나면 몸에 있는 물기를 제거해 주는 것이 좋다.

2) 감기

① 원인

- 바이러스나 곰팡이, 추운 기후나 심한 온도 변화, 비타민A의 부족이 원인이 된다.
- 특히 대기온도와 물 온도의 차가 5℃ 이상이면 영향을 미친다.

② 증상

- 콧물을 흘리며 입을 벌린 채로 한쪽으로 기울어져 헤엄친다.
- 숨을 헐떡이고 재채기 같은 소리를 내며, 코와 눈 그리고 입 주위에 끈적끈적한 분비물이 형성된다.

③ 치료

- 수온을 올리고(30℃ 가까이) 파충류용 비타민제를 물에 타준다.
- 그리고 먹이를 소량씩 자주 주어 체력을 키운다.

2. 도마뱀과 이구아나

도마뱀은 파충강 뱀목 도마뱀아목에 속하는 생명체를 일컫는 말이다. 현존하는 파충류 중 종류가 가장 많다.

대부분 시력이 발달되어 있다. 대부분의 도마뱀류는 눈꺼풀이 존재하지 않는다.

홍채 또한 둥그렇고 평범한 주행성은 대부분 눈꺼풀을 가지고 있지만, 눈꺼풀이 없거나, 혹은 야행성인 경우에는 고양잇과 눈처럼 홍채가 세로로 길다.

도마뱀 계통에서 시각적으로 가장 발달된 종류인 카멜레온은 독특한 신체적 특징을 가지고 있다. 눈은 안구가 머리 양 옆으로 튀어나와 있고, 안구 전체가 두꺼운 눈꺼풀에 덮여 있으며, 360°로 돌아가고, 두 안구가 따로 놀 수 있다.

후각은 시각과 더불어 사냥 시 가장 많이 이용하는 감각 기관이다. 많은 도마뱀이 후각을 사용하고, 후각을 통해 먹이나 짝짓기, 영역 등을 확인한다.

후각은 뛰어난 반면 미각은 크게 발달하지 않는다.

혀는 여러 가지 형태로 존재하는데, 대표적으로 길게 발사할 수 있는 카멜레온의 혀가 있고, 뱀처럼 끝부분이 두 갈래로 나뉜 긴 형태 등이 있다.

도마뱀은 대부분 발성 기관이 발달되지 않아 청각이 크게 발달되지 않았다.

특히 아가마과의 특징으로는 과시행동이 있다. 목도리도마뱀만 보더라도 목에 달린 목장식을 펼쳐 상대방을 위협하면서, 동시에 자기의 체격을 부풀려 보이게 하는 행동을 한다. 이는 과시행동에 속하며, 이 외에도 피부에 달린 장식, 돌기, 가시와 같은 비늘 등을 통해 상대를 위협하고 과시한다.

파충류 애호가들이 흔히 접하는 아가마과로는 턱수염도마뱀, 목도리도마뱀 등이 있다.

이구아나는 종류가 여러 가지인데 애완용으로 많이 기르는 녹색이구아나가 있다. 현대에 와서는 주로 애완동물로 주로 기르지만, 중앙아메리카 원주민들은 식용으로도 사육했다.

어린 새끼일 때는 체내에서 노란 색소를 잘 합성하지 못해서 푸른빛이 도는 녹색을 띠는 경우도 있다. 가끔 이런 개체를 희귀종 블루이구아나라고 팔기도 하는데, 자라면 그냥 녹색이구아나가 된다.

파충류이므로 성장함에 따라 주기적으로 허물을 벗는다.

1) 호흡기 질환

① 이구아나가 입을 벌리고 숨 쉬는 소리가 '피식' 나는 증세

② 환기를 시키고, 온도를 맞춰주면 된다. 심각하면 수의사를 찾는 게 좋다.

③ 상태가 심각하다는 것은 코에 흰 거품이 있다는 것이다.

2) 감기

① 파충류에게 감기는 치명적인 병이다. 코에 물이 생기거나 입에 거품이 있거나, 숨 쉬는 소리가 커지면 즉시 병원으로 가야 한다.

② 일반적으로 사육장의 온도를 높여주고 건강관리를 해준다면 치료가 쉽게 된다.

대사성 질병과 마우스락의 차이점은?

이구아나를 키우면서 한두 번 겪게 되는 일인데 대사성 질병(MBD)은 일광욕 부족 혹은 칼슘의 밸런스가 깨지면서 뼈가 휘는 현상을 말한다. 눈으로도 확인이 되는 것이며 상당히 위험하고 치료기간 역시 장기간이다. 대사성 질병의 경우 걸리고 나서는 대책이 없다고 보는 것이 낫다. 병원에 가봐야 엑스레이 찍는 정도이고 뒤늦게 일광욕시켜 주고 칼슘을 처방해도 100% 완치가 힘들므로 꾸준하게 규칙적으로 일광욕을 해주고 매일 칼슘이나 비타민을 주는 것은 오히려 생물에게 안 좋다. 2일 혹은 3일에 한 번 주는 것이 낫다. 마우스락은 잇몸 염증 혹은 턱이 뒤틀리는 것으로 염증의 경우 대사성 질병과 달리 꾸준히 치료를 한다면 70% 정도는 낫는다.

단 턱이 기형적으로 변하는 경우 대사성 질병과 동반돼서 나타나는 경우 빨리 전문적인 치료 혹은 상담을 받아야 한다. 일반적 염증의 경우 과산화수소(요오드용액)와 물을 1 : 1~1 : 2 비율로 희석시켜 매일매일 주기적으로 마우스락이 나을 때까지 면봉에 묻혀 상처에 직접적으로 발라주면 된다.

이구아나에게 기생충이 있는데 어떻게 하나?

이구아나 역시 다른 파충류처럼 기생충에 노출되고 전염될 수 있지만 크게 걱정할 필요는 없다.

일주일 한두 번의 온욕과 주기적인 일광욕 그리고 사육장을 청결하게 해주면 거의 예방이 되며 일반적인 치료제(마이트오프등)가 있긴 하지만 100% 완치보다는 어느 정도 감소를 시켜주는 기능뿐이며 평소 사육장의 청결함, 이구아나의 주기적인 일광욕 그리고 목욕만 해준다면 걱정할 필요는 없다.

3. 뱀

뱀들은 두개골이 다른 도마뱀들에 비해 상당히 변형, 단순화되어 있다. 눈꺼풀이 없고, 안구가 투명한 비늘로 덮여 있어 눈을 깜빡이지도 않으며, 포식동물임에도 불구하고 시각과 청각, 미각 등은 약하고 후각이나 열감지 능력, 그리고 진동 감지에 더 의지하는 듯한 상당히 특이한 생물이다. 보통 가청범위가 40~2,000Hz로, 통념과는 달리 500~1,000Hz인 사람의 육성도 들을 수는 있다. 소리도 배에 있는 비닐로 듣는다. 그리고 미각은 아예 퇴화되어서 전혀 없다. 뱀은 맛을 모르고 먹이를 먹는다.

하지만 뱀은 가만 보면 무척 귀여운 파충류이다. 혀가 두 갈래로 갈라진 게 오히려 매력적으로 보일 수 있고 몸 색이 예쁘며 다양한 무늬를 띠는 것을 볼 수 있다. 먹이를 입안 속에 빵빵하게 넣어 먹는 모습도 정말 귀여워 보인다. 애완용으로 키우면 뱀의 멋지고 때로는 귀여운 모습들을 더욱이 알 수 있게 된다. 뱀이 좋지 않게 알려져 많은 사람들이 꺼리기는 하나 소수의 사람들은 뱀의 매력을 알아보고 좋아한다. 뱀의 가늘고 긴 몸을 혐오하거나 징그럽다고 생각하지 않고 오히려 멋있고 매력적이라고 생각하는 사람들이 있다.

사람을 포함한 영장류들은 대부분 뱀에게 공포증을 갖고 있지만, 실은 인간이 뱀을 무서워하는 것보다 뱀이 인간을 더 무서워한다. 일단 사람의 덩치만으로도 뱀 입장에서는 상당한 공포를 느끼게 된다. 더군다나 사람은 완전한 직립 보행을 하기 때문에 발밑에서 올려다보는 뱀의 시선에서 바라보면 실제 크기보다 훨씬 더 크게 보인다. 뱀은 적응력도 좋고 좋지 않은 환경에서도 잘 살 수 있기로 유명하다. 하지만 뱀은 한번 질병에 걸리면 치료가 쉽지 않고 무엇보다도 뱀에게 치명적일 수 있다.

질병의 원인은 기생충, 환경오염, 생리적 이상 등 여러 가지 원인이 있을 수 있다. 뱀이 질병에 걸렸을 경우 뱀의 행동이 평소와 다르거나 외형적인 변화가 있을 수 있다. 무엇보다도 이상이 생겼을 경우 뱀의 움직임이 급격히 줄어들고 예민해지는 성향이 있다. 또한, 먹이를 거부하는 거식 증상과 거친 호흡을 하는 경우가 많다.

1) 호흡기 감염(감기)

① 원인

건조한 사육장, 차가운 외풍, 급격한 온도 변화, 탁한 환경 등이 원인이 된다. 보통 진드기가 뱀의 신체를 공격하여 호흡기 문제가 유발된다. 습도 문제나 스트레스, 부적절한 관리 등으로 인해 발생할 수도 있다. 뱀이 호흡기 질환에 걸리면 건강 상태가 급속히 악화된다.

② 증상

이상 부위는 주로 입이다. 입을 벌려 숨을 쉬고 거치게 숨을 내뱉는 소리를 들을 수 있고, 콧물과 같은 분비물이 입과 코에 묻는다. 코나 입 주변 점막이 부풀어 오르거나 콧물을 흘리고 입으로 호흡을 하며 천명 소리를 내기도 한다.

그림 2-1 뱀의 감기

출처: https://m.blog.naver.com/PostView.naver?isHttpsRedirect=true&blogId=jihoonkim0315&logNo=220787899843

③ 치료

온도를 30℃, 습도를 60% 정도의 사육장 환경을 조성하고, 습도 유지를 잘해야 한다. 이 방법 아니면 평소보다 5~10℃가량 높여 온욕을 시켜주거나 병원에 가서 치료를 받아야 한다. 호흡기 질환은 금방 나아질 기미를 보이지 않으면 폐렴으로 발전할 수 있어 빠른 조치가 필요하다.

④ 예방

호흡기 질환을 대비한 최고의 방법은 케이지를 적절한 온도로 유지하고 깨끗하고 건조하게 만들어 줘야 한다.

4. 고슴도치

1) 감기

① 증상

콧물을 흘리면서 기침을 한다. 몸을 제대로 가누지 못하고 떨거나 잘 걷지 못한다. 식욕이 떨어진다.

② 예방

온도를 따뜻하게 유지해 준다.

Chapter

03 피부 질환

1. 거북이

1) 피부병

① 원인

수질의 악화나 낮은 온도, 상처, 일광욕 부족 등으로 진균류가 생겨 원인이 된다.

② 증상

등껍질의 탈색이 시작되고 괴사가 일어난다. 등껍질에 흰색 얼룩이나 솜사탕 모양처럼 곰팡이가 피어오른다. 등껍질 마디에 염증이 차서 피나 고름이 나온다. 등껍질뿐 아니라 사육장에 닿는 발, 배갑 등 몸 전체적으로 질환이 나타난다. 피부에 흰 물질이나 곰팡이가 생기고, 진균류가 코를 막아서 호흡이 곤란해질 수도 있다.

③ 치료

수조를 청결하게 해주고, 여과장치를 검토해 보고 온도를 28~30℃로 조금 높게 유지해 준다. 일광욕 부족인 경우에는 하루 2~3시간으로 몸이 완전히 마를 때까지 직사광선에 노출시켜 준다. 그리고 피부병 치료제를 사육수에 넣어 목욕시킨다.

② 예방

수질, 바닥재 등을 청결하게 유지하여 상처가 나도 2차 감염에 걸리지 않게 예방한다. 상처가 난다면 설파디아진이나 요오드를 직접 발라주거나 발라주지 못할 경우 물에 희석하여 약욕을 시켜주는 것이 좋다. 일광욕과 온욕을 자주 시켜주고 온욕 후 몸을 잘 건조시켜 주는 것이 중요하다.

2) 등껍질 연화증

① 원인

등갑 변색의 원인은 염소 잔존량이 많은 물에서 장시간 사육했을 때 영양장애, 비타민A 결핍증이 원인이다. 등갑 연화증의 원인은 칼슘 부족과 일조량 부족이 원인이다.

② 증상

갑을 만졌을 때 물렁물렁해지는 것이 대표적인 증상이다. 흰 반점을 보이며 질병이 심해지면 등갑이 떨어져 나가거나 함몰된다. 등껍질이 떨어져 나가거나 함몰이 일어난 경우 완전한 회복이 불가능하다.

그림 3-1 거북의 등갑 변색 및 등갑 연화증

출처: http://story.raraaqua.co.kr/index.php?mid=board_mXrQ14&page=1&order_type=asc&m=1&sort_index=title&document_srl=271229

② 예방

원인으로는 칼슘 부족, 일조량 부족, 영양 부족 등이 있지만 칼슘 부족이 주된 원인이다. 칼슘을 공급하더라도 일광욕이 부족하거나 비타민D_3가 없는 야행성 종의 칼슘제를 급여하였을 때 나타나기도 한다. 예방으로는 평소에 일주일에 2~3번 먹이에 비타민D_3가 함유되어 있는 칼슘제를 급여하는 것이 좋고 일광욕을 자주 시켜주는 것이 좋다. 갑오징어 뼈를 급여해 주는 것도 한 가지 방법이지만 갑오징어를 처음 접한 개체는 잘 먹지 않기 때문에 갈아서 먹이와 함께 주는 것이 좋다.

3) 등껍질 기형 및 변형 질환

① 증상

선천적인 기형이 아니라 성장 중 일어나는 것으로 등껍질이 피라미드처럼 자라거나 비대칭으로 자란다. 영양 불균형 칼슘 부족, 과다 복용, 급성장 등으로 인해 등껍질이 강하게 수축하는 현상을 보인다.

② 예방

올바른 사육환경을 만들어 주는 것이 좋다. 영양관리가 매우 중요하므로 편식이나 과하거나 부족하지 않게 적절한 영양섭취가 매우 중요하다. 스팟이 개체에 맞지 않게 너무 강해도 변형이 일어날 수 있기 때문에 광주기를 설정해 주고 종에 맞는 UVB를 사용하는 것이 좋다.

2. 도마뱀과 이구아나

1) 외부 기생충

① 증상

기생충은 대표적인 것으로 mite와 tick이 있다. 이외에도 worm(벌레), protozoa(원충류), amoeba(아메바) 등이 있다. 하루~3일 정도마다 한 번씩 사육장과 목욕을 해주며 정기적인 일광욕 및 구충제를 투여하면 된다.

② 예방

야생 개체의 경우 일반적으로 외부 기생충이 있으니 입양 전, 후로 외부 기생충 제거제로 약욕을 해주는 것이 좋다. 전염력이 매우 높으므로 외부 기생충이 발생하면 모든 물품 및 개체를 소독 및 약욕을 해주어 제거하여야 한다. 일광 소독, 온욕 및 일광욕을 자주 시켜주는 것이 좋다.

2) 피부 질환

① 증상

피부가 벗겨지며 종기나 일어난다. 탈피하지 못하여 피부가 썩으며 절단된다. 기생충이나 세균에 의해서 피부에 상처 및 썩음이 일어난다. 발톱이 빠진다.

② 예방

사육장 내 환경의 위생이 가장 중요하다. 비타민이 결핍되어 일어날 수 있기 때문에 비타민 급여를 해주는 것이 좋다. 화상을 입지 않게 전구나 열원에 직접 닿지 않게 한다. 전염될 수 있기 때문에 발병한 개체가 있으면 격리하고 사육장을 소독하여 주는 것이 좋다. 가벼운 경우 포비돈이나 과산화수소를 희석하여 상처 부위에 도포하여 준다.

3. 뱀

1) 비늘 감염

① 원인

사육장 내 배설물을 바로 치워 주지 않고 방치해 뒀다가 배설물의 오염물이 배 비닐에 껴서 세균이 증식한다.

② 증상

증상 부위가 배 비늘에서 시작해 점점 퍼진다. 배 비늘이 떨어져 나가고, 물집이 생긴다. 예민해지고 둔해진다.

그림 3-2 뱀의 비늘 감염

출처: https://m.blog.naver.com/PostView.naver?isHttpsRedirect=true&blogId=jihoonkim0315&logNo=220787 899843

③ 치료

초기 증상일 경우 깨끗한 사육장으로 옮겨 주거나, 10% 베타민으로 약욕을 시켜주는 것이 있다. 이때 깨끗한 사육장에는 물그릇을 넣어주면 안 된다. 이러한 응급처치는 물집이 잡히기 전 단계로 물집이 생겼으면 병원에 가서 치료받아야 한다.

2) 화상

① 원인

사육장과 히팅 매트가 너무 가깝거나, 열등에 닿았을 때 발생한다.

② 증상

배 부분이 빨갛게 변해 있다. 또한 움직임을 많이 준다.

그림 3-3 뱀의 화상

출처: https://m.blog.naver.com/PostView.naver?isHttpsRedirect=true&blogId=jihoonkim0315&logNo=220787899843

③ 치료

집에서 치료할 수 있는 방법은 딱히 없으므로 발견 즉시 병원으로 가는 것이 좋다.

3) 외부 기생충

① 원인

뱀은 보통 개나 고양이, 소, 양 등과 같은 다른 동물과 환경을 공유할 때 이러한 외부 기생충에 감염된다. 그리고 케이지의 위생 상태가 불결할 경우에도 기생충 문제가 발생할 수 있다. 진드기는 참진드기와 옴진드기로 분류할 수 있다. 옴진드기는 치료하기가 어려운 반면 참진드기는 눈에 보여 쉽게 해결할 수 있다. 한편, 옴진드기는 번식이 빨라 다른 합병증을 유발할 가능성이 있다. 옴진드기는 뱀의 피부에 자리를 잡고 뱀의 피를 빨기 시작한다. 그리고 뱀이 필요로 하는 필수 영양소를 빨아들인다.

② 증상

뱀은 영양 결핍과 빈혈, 면역체계 약화 등에 이르게 된다. 그리고 치료하지 않을 경우, 여러 가지 질병으로 이어질 수 있다.

그림 3-4 뱀에 붙은 진드기들

출처: https://blog.naver.com/PostView.naver?blogId=das7722&logNo=222188886715&parentCategoryNo=&categoryNo=21& viewDate=&isShowPopularPosts=true&from=search

4) 불완전 탈각

① 원인

외부 기생충이 원인일 수 있다.

② 증상

불완전 탈각은 부적절한 탈피로도 알려진 증상이다. 뱀은 보통 한 번에 탈피를 한다. 그러나 뱀이 피부를 완전히 한 번에 제거하지 못한다면 죽은 피부가 몸체에 남아 있게 된다. 이는 주변 환경이 지나치게 건조하거나 탈수 증상을 겪고 있다는 징후다.

그림 3-5 뱀의 불완전 탈각

출처: https://www.famtimes.co.kr/news/articleView.html?idxno=62903

③ 치료

탈피 이후 몸체에 죽은 피부가 남아 있다면 쉽게 제거할 수 있다. 뱀을 축축한 베갯잇에 넣거나 수분이 있는 박스에 넣으면 된다. 그리고 가능한 한 빨리 남은 죽은 피부를 제거하고 환경적인 문제를 개선해야 한다. 이 방법으로 뱀은 완전하게 탈피 과정을 마칠 수 있다.

4. 고슴도치

넓은 의미로는 고슴도치과(Erinaceidae)에 속한 포유류의 총칭이고, 좁게는 국내 서식종인 고슴도치(Amur hedgehog, Erinaceus amurensis)를 가리킨다. 애완동물로 기르는 종은 한국 고슴도치가 아니라 아프리카산의 네발가락고슴도치(four-toed hedgehog, Atelerix albiventris)와 알제리고슴도치(Algerian hedgehog, A. algirus)

의 교배종이다.

우리말의 '고슴도치'라는 단어는 '고슴'과 '도치'의 합성어이다. '고슴'의 어원은 고슴도치의 털, 즉 '가시'이고, '도치'의 어원에 관련해서는 '쥐'의 옛말이라는 설 및 가시가 돋아났다는 뜻의 '돋이'가 어원이라는 설이 있다. '도치'는 돼지를 뜻하는 '돝'에 접미사 '-이'가 결합한 것으로 추정하기도 한다. 즉, 현대어로 가시돼지인데 자세히 보면 야생멧돼지와 닮은 데가 있다.

가시는 고슴도치 몸에서 쉽게 빠지기 때문에 집고슴도치도 잘못 건드리면 피부에 매우 깊숙이 박혀서 핀셋으로 가시를 빼야 하는 참사가 일어날 수 있다. 야생 고슴도치는 더 힘이 좋고 가시도 커서 빼기도 힘들고, 높은 확률로 패혈증, 파상풍 감염을 걱정해야 한다. 다만 가시의 끝이 뾰족하기는 해도 전체적으로 말랑말랑하기 때문에 가시를 눕힌다면 크게 위협적이지 않다. 가시는 내부가 텅 비었고 공기가 채워져 의외로 단단하지 않고 굉장히 유연하다. 그래서 가시를 내린 상태에서 만져보면 찰랑찰랑한 게 마치 얇은 비늘 같기도 하고 윤기 있는 단단한 짧은 털을 만지는 느낌이다.

특이한 습성으로 자신의 침을 거품으로 만들어 가시에 바르는데 이에 대해서는 전문가들도 의견이 분분하다. 어떤 이들은 기생충을 죽이기 위하여 그런 행동을 한다고 하고, 또 다른 이들은 가시에 독을 바른다고 하거나, 자신의 냄새를 숨겨서 포식자로부터 숨기 위한 행동이라고 한다. 고슴도치 사육계에서는 주로 '안팅'이라고 부르지만 학술적으로는 'self-anoint'라고 부르는데, 새로운 냄새를 맡으면 그것을 기억하기 위해 하는 행위라고 알려졌지만, 사실 주기적으로 맡는 냄새에도 반응하기 때문에 신빙성은 크게 없다. 그나마 향수, 샴푸처럼 강한 향 같은 휘발성의 특정 냄새나 깃털 같은 특정 소재에 주로 반응하는데 심지어 그 특성도 고슴도치별로 다르고 어떨 때는 했다가 다른 상황에서는 안 하는 등 그냥 자기 마음대로다. 현재 가장 정확한 이론은 '왜 저런 행동을 하는지 인간으로선 이해가 불가능하다'가 맞는다. 고슴도치는 일부가 애완동물로 살아가는 것치고는 행동 양식 등 연구가 매우 부족한 동물이다.

한국에서 애완견을 제외하고는 기타 동물들은 잡화점처럼 종합식으로 파는 곳이 많은데, 한국에서도 '고슴도치 전문숍'이 있을 정도로 인기를 끌고 있는 애완 동물이다.

1) 가시 빠짐

① 원인

가장 흔한 원인은 진드기이다. 진드기가 의심스러우면, 고슴도치를 동물병원에 데리고 간다.

고슴도치는 생후 8주~생후 6개월 사이에는 가시 갈이 시기이다. 가시 갈이는 유아기 가시가 빠지고, 어른 가시들이 나는 것을 말한다. 가시 갈이(quilling)는 보통 생후 8주 때에 시작되며 생후 6개월 때에도 할 때가 있다. 이 시기에는 고슴도치에게서 여러 가지 변화가 눈에 뜨인다. 많은 가시 빠짐 현상도 그중 하나이다. 여기서 주의해서 살펴봐야 할 것은 성숙한 고슴도치들도 때때로 한두 개의 가시가 빠지지만 가시 갈이 때에는 많이 빠진다는 것이다. 이 시기 동안에 고슴도치의 피부를 자세하게 살펴보면 많은 새로운 가시들이 피부를 뚫고 나오는 것을 볼 수 있을 것이고, 이것은 다른 주요한 변화의 원인(행동 변화)이다.

고슴도치의 피부를 뚫고 나오는 이런 가시들 때문에 피부는 약간 짓물러 보이고 염증이 생기곤 한다. 이 시기 전에는 몸을 돌돌 말지 않았어도 이때는 몸을 말려고 할 것이고 쉿쉿 거리고 펄쩍펄쩍 거린다. 또한 전보다는 많이 먹지 않으려고 한다. 고슴도치들은 가시 갈이가 끝나면 예전의 정상적인 모습으로 돌아가므로 그리 걱정할 필요는 없다. 그러나 주의할 것은 가시 갈이 시기에도 고슴도치를 지속적으로 핸들링하지 않으면 이후에는 친해지기가 좀 어려워지는 편이다. 가시 갈이 하는 데는 한 달(±일주일의 여유) 정도가 걸린다.

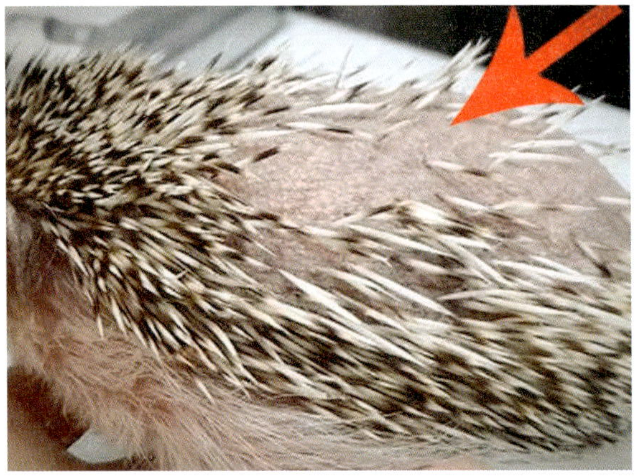

그림 3-6 고슴도치의 가시 털 빠짐

출처: https://post.naver.com/viewer/postView.nhn?volumeNo=30450471&memberNo=46511596

② 치료

따뜻한 물로 목욕을 시켜주면 피부가 촉촉해져서, 가시들이 피부를 뚫고 나오는 것이 더 쉬워진다. 또한 헹굴 때 올리브유를 사용하면 보습 효과가 있어서 좋다.

2) 건조한 피부

① 원인

건조 피부는 진드기, 진균류, 식이 문제가 원인이며 심지어는 계절적 요인 때문이기도 하다. 겨울철에는 많은 고슴도치들이 피부가 건조해진다.

② 치료

일단 진드기 또는 진균류가 치료되거나 아니라는 것이 확인되면 비타민E 오일 몇 방울을 어깨, 등, 엉덩이에 발라준다. 다른 방법으로는 오트밀 샴푸로 목욕을 해주거나 목욕물에 올리브유를 섞어준다. 먹이 때문이라고 생각되면, 오메가 지방산을 함유하는 보충물을 먹이에 넣어준다.

3) 진드기 감염

① 원인

진드기와 고슴도치의 접촉 장소는 매우 많아, 새장 등의 오두막에서 진드기가 발생하거나 다른 고슴도치에 있던 진드기가 옮겨진다.

② 증상

진드기는 매우 흔하며, 증상은 가시 빠짐, 긁기, 건조한 비늘, 건조한 피부, 주름진 귀 등이다. 진드기 감염은 피부에 홍적(빨갛게 염증이 생긴 피부)을 일으키며, 상처가 생기고, 실명, 이염 그리고 죽음에 이를 수 있다.

③ 치료

진드기 치료를 위해 동물병원에 간다. 케이지, 쳇바퀴, 기타 용품들을 세척하고 소독한다. 나무 재질의 용품들은 폐기한다. 이런 용품들은 소독하기가 거의 불가능하고, 진드기나 그 알들이 잠복해 있기 때문이다.

④ 진드기 검사

진드기가 있는지 알 수 있는 방법 중 하나는 검은색 옷 위에 고슴도치를 올려놓고 가시들을 부드럽게 문지르는 것이다. 그런 다음에 밝은 불빛 아래로 옷을 가져가서 뭔가 움직이는 하얀색 점들이 있는지 본다. 움직임이 있다면 진드기가 있는 것이다.

4) 혹, 종양, 암

불행하게도 고슴도치 피부에서는 종양과 혹이 매우 흔하다.

5) 알레르기

① 원인

고슴도치는 소나무, 삼나무, 노송나무와 같은 목재로 알레르기를 일으킬 수 있다. 알레르기를 일으킨 고슴도치는 얼굴과 배, 다리가 찢어진다. 주로 바닥재에 사용되고 있는 목재에 접하는 것으로 알레르기가 되는 것이 많기 때문에, 바닥재에는 목재를 사용하지 말아야 한다.

6) 피부병

① 증상

원형으로 탈모가 일어난다. 등과 엉덩이 부위에 털이 빠지고 비듬이 생긴다. 상처가 생길 정도로 긁으면서 피가 난다.

② 예방

감염된 개체와 격리한다. 사육장, 운동기구, 먹이 그릇, 물그릇 등 사용되는 모든 물품을 소독한다.

Chapter

04 소화기계 질환

1. 거북이

1) 식욕상실

① 원인

새로운 환경이나 익숙하지 않은 먹이, 동면 직후나 방이나 물의 온도가 낮을 때 발병한다.

② 증상

먹이를 먹지 않는다.

③ 치료

수온을 올려주고 안정된 환경을 만들어 주고, 먹이를 바꿔 보는 것도 식욕을 돋우는 데 효과가 있다.

2) 구강 질환

① 증상

혀나 구강에 염증이 생겨 고름이 차며 분비물이 입에 차서 목이 붓는다. 구강에 질환이 생기면 당장 먹이 반응이 현저하게 떨어진다. 턱이 부식되어 닳아 없어지거나 손상을 입고 난 후 2차 감염이 일어나 입을 다물지 못한다. 부리가 급격하게 길어져 입을 다물지 못한다.

② 예방

정기적인 부리 관리로 예방을 해준다. 거북이가 씹거나 부딪혀 상처가 날 수 있는 물건이나 지나치게 뾰족한 장식물은 피하는 것이 좋다. 면역체계를 좋게 하기 위해, 청결하기 위해 사육장 청소와 온욕을 주기적으로 진행시켜 준다. 부리를 닳게 해주는 단단한 먹이를 정기적으로 급여한다.

3) 장염

① 원인

선충, 촌충, 흡충 등의 기생충이 원인이 될 수도 있고, 병에 걸린 먹이나 불량 사료를 주었을 때 발병한다.

② 증상

설사를 해서 변이 흩어진다.

③ 치료

병원에서 구충을 받으면 좋고, 설사가 나아질 때까지는 먹이는 조금씩 주도록 한다. 그리고 배합사료 등의 먹이가 눅눅해지지 않도록 건조하게 보존시킨다.

4) 변비(constipation)

① 증상

대변을 장기적으로 보지 못한다. 대변을 보더라도 매우 단단하고 돌 모양과 같이 동그랗게 나온다.

② 예방

구충을 진행해 주고 수분이나 식이섬유가 풍부한 먹이를 급여한다. 온욕을 30분씩 자주 해주어 배변 활동을 유도한다. 운동량을 늘려주고 사육장 내 온도를 살짝 높여준다.

5) 설사(diarrhea)

① 증상

대변이 매우 묽은 상태이다. 변 냄새가 평소와 다르게 매우 심해진다.

② 예방

사육장 내부의 온도를 높여주고 먹이의 온도 또한 평소보다 따뜻하게 해서 급여한다. 온욕을 30분씩 자주 해주어 배변 활동을 유도한다. 수분이 적은 먹이로 급여한다. 설사를 한번 유발했을 때는 2~3일 정도 금식시키는 것이 좋다.

6) 장 폐색(intestinal obstruction)

① 증상

장에 소화되지 않는 이물질이나 바닥재가 들어간 것으로 소화기관을 막는다. 소화장애 및 배설장애를 보인다. 임팩션(impation)으로도 불린다. 엄밀하게는 임팩션은 변비 등으로 장이 막힌 상태를 말한다.

② 예방

먹이에 바닥재나 이물질이 묻지 않게 먹이 그릇을 만들어 준다. 바닥재가 묻지 않게 먹이를 급여할 때 물기를 제거한다. 고운 입자의 바닥재보다 입자가 큰 바닥재를 깔아준다. 인조 잔디 매트나 신문지로 바닥재를 대체한다.

2. 도마뱀과 이구아나

1) 잇몸 염증: 마우스락

① 원인

개체 차이에 따라 다르지만 일반적으로 극심한 스트레스나 사육환경이 불청결할 때 주로 일어난다.

② 증상

입안에 고름이 생기면서 음식을 씹지 못하거나 아래턱이 심하게 뒤틀린다(아래턱의 경우 육안으로도 쉽게 구별되며 대사성 질병과 동반해서 나타나기도 하므로 특별한 관심이 요구된다).

③ 진단 및 치료

예방법은 스트레스를 최대한 적게 줘야 하며 사육환경을 최대한 청결하게 유지한다. 치료 방법은 과산화수소(요오드용액)와 물을 1 : 1~1 : 2 비율로 희석시켜 매일매일 주기적으로 마우스락이 나을 때까지 면봉에 묻혀 상처에 직접적으로 발라준다. 대사성 뼈 질환과 달리 마우스락은 치료 성공사례가 상당히 많이 있으며 꾸준한 정성과 사랑으로 계속 치료를 해준다면 완치율이 상당히 높다.

2) 구내염

① 증상

입을 제대로 다물지 못한다. 입안에서 분비물이 나오고, 악취가 난다. 식욕이 저하된다.

② 예방

오염된 물을 먹지 않게 항상 물을 갈아주어 깨끗한 물을 섭취하도록 한다. 입안에 상처가 날 수 있으므로 핀셋으로 직접 급여하는 것을 피하는 것이 좋다. 개체들끼리 싸워서 상처가 번질 수 있기 때문에 심하게 싸운다면 격리하는 것이 좋다. 적절한 크기의 먹이와 균형 잡힌 식단으로 먹이를 급여한다. 상처를 낼 수 있는 날카로운 조형물을 사육장 내에서 제거해 준다.

3) 변비(constipation)

정상적인 장운동을 하는지 확인해 보려면 배설물이 대략 갈색인지를 살펴보아야 한다. 장이 규칙적으로 운동하지 않는 편이기 때문에 변비에 걸리기 쉽다. 이구아나가 살기 적당한 온도는 24~30℃이기 때문에 미지근한 물에서 수영을 하는 것도 변비 예방에 큰 도움이 된다. 변비가 극히 심하면 수의사에게 보이도록 한다. 너무 심할 때에는 간혹 수술에 의한 숙변 제거가 필요하기도 한다.

4) 장 폐색(intestinal obstruction)

① 증상

장에 소화되지 않는 이물질이나 바닥재가 들어간 것으로 소화기관을 막는다. 소화 장애 및 배설 장애를 보인다. 임팩션(impation)으로도 불린다. 엄밀하게는 임팩션은 변비 등으로 장이 막힌 상태를 말한다.

② 예방

먹이에 바닥재나 이물질이 묻지 않게 먹이 그릇을 만들어 준다. 바닥재가 묻지 않게 먹이를 급여할 때 물기를 제거한다. 고운 입자의 바닥재보다 입자가 큰 바닥재를 깔아준다. 인조 잔디 매트나 신문지로 바닥재를 대체한다.

5) 설사(diarrhea)

설사란 비정상적인 분변을 쏟아내는 것을 말한다. 먹이의 변화, 수분이 많이 함유된 과일, 스트레스, 질병과 기타 이유에 의해 설사를 하게 된다. 섬유소가 많이 포함된 사료를 먹이게 되면 설사는 완화될 수 있다. 이때에도 수의사에게 의뢰하여 치료하도록 한다. 이구아나도 다른 동물과 마찬가지로 기생충에 감염되기 때문에 잊지 말고 애완동물 전용 구충제를 정기적으로 투약하여야 한다.

① 증상

대변이 매우 묽은 상태이다. 변 냄새가 평소와 다르게 매우 심해진다.

② 예방

사육장 내부의 온도를 높여주고 먹이의 온도 또한 평소보다 따뜻하게 해서 급여한다. 온욕을 30분씩 자주 해주어 배변 활동을 유도한다. 수분이 적은 먹이로 급여한다. 설사를 한번 유발했을 때는 2~3일 정도 금식시키는 것이 좋다.

3. 뱀

1) 구내염

구내염은 박테리아로 유발되는 감염성 질병이다. 뱀이 구내염에 걸리면 입안 내벽에 염증이 생겨 잇몸과 치아 사이에 고름이 찬다. 뱀의 면역력이 약해지거나 스트레스를 받는 상황에 처하면 구내염에 걸릴 수 있다. 그리고 보다 심각한 질병의 징후일 수도 있다. 영양소가 결핍되거나 여러 질병이 동시에 발생하는 등 사육 상태가 열악한 경우 감염성 구내염에 걸리기 쉽다. 그리고 치료를 하지 않고 방치하는 경우, 감염 상태가 진행돼 박테리아가 뼈까지 들어가고 치아가 모두 빠질 수도 있다.

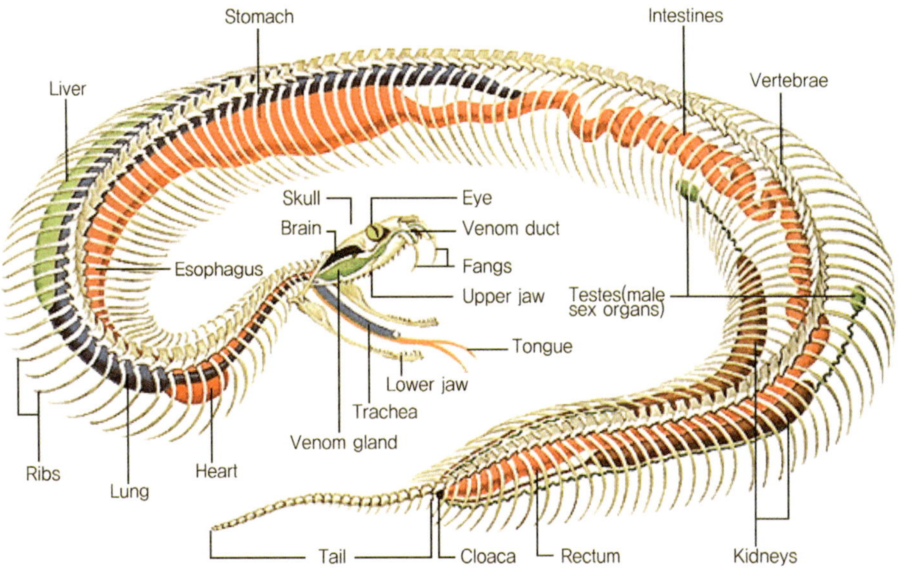

그림 4-1 뱀의 구조

출처: https://gardian.kr/index/?idx=7966368&bmode=view

2) 구토 및 역류

구토나 역류의 원인은 관리의 문제다. 가령, 실온이 낮다거나 먹이를 먹은 직후의 뱀을 바로 들면 이 같은 증세를 보일 수 있다. 그 외에도 박테리아나 균류 감염, 바이러스, 기생충, 암, 신장 및 간, 췌장 질환, 두뇌 손상 등의 이유로도 구토를 할 수 있다.

4. 고슴도치

1) 녹색 변

① 원인

스트레스, 먹이 또는 식수의 변동, 질병 때문에 비정상적인 변이 나올 수 있다.

② 증상

대변이 녹색을 띤다.

③ 치료

식단을 바꿨다면, 원래의 먹이를 하루이틀 정도 급여해서 변이 정상적으로 돌아오는지 살펴야 한다. 고슴도치가 물과 먹이를 먹지 않거나, 변이 여전히 녹색이고 묽은 변이라면 즉시 검사를 받는다.

④ 예방

식단을 골고루 공급한다. 일시적인 스트레스를 받아서 녹색 변을 볼 경우 어둡고 조용한 환경을 조성해 준다. 청결한 먹이로 교체해 준다. 온도를 적절하게 유지해 준다.

Chapter

05 비뇨기계 질환

1. 거북이

1) 결석

거북이의 총배설강에 결석이 생기면 사료를 안 먹고, 대변을 못 누는 상황이 된다. 거북은 결석이 잘 생긴다. 주기적으로 건강검진을 실시해서 조기에 발견하여 대책을 세워야 한다.

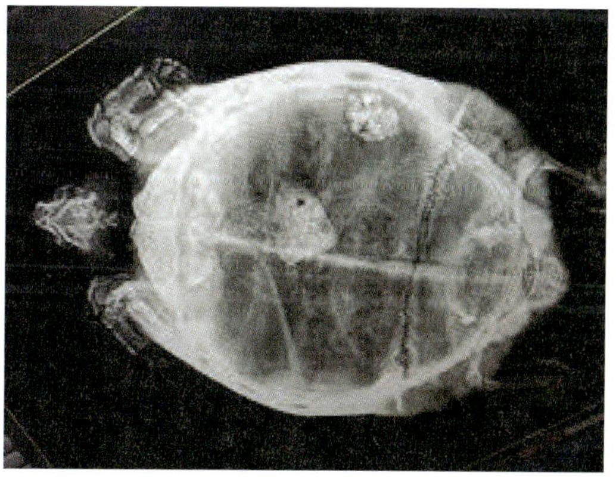

그림 5-1 거북이의 결석

출처: http://www.edenvets.com/g5/bbs/board.php?bo_table=photo&wr_id=20

Chapter

06 근골격계 질환

1. 도마뱀과 이구아나

1) 대사성 뼈 질환: MBD(metabolic bone disease)

가장 많이 걸리는 질환 중의 하나이며 특히 초식 도마뱀과 육식 거북에게 자주 나타나는 질병으로 질병의 심각도에 따라 다르지만 치료기간도 길고 100% 완치가 어려우므로 각별히 주의를 해야 한다.

① 원인

칼슘과 인의 부족 및 밸런스 실패(정상기준: 칼슘과 인의 비율은 1.2 : 1~2 : 1, 너무 많은 인과 너무 부족한 칼슘 섭취는 문제가 된다)가 원인이다. 한 가지만 편식해서 생기는 영양분의 비율 실패도 원인이며, UV 빛의 부족에 따른 비타민D_3의 부족 그리고 극히 드물기는 하지만 콩팥, 간, 갑상선의 질병 등도 원인이다.

② 증상

이 병이 발생하면 움직이지 못하고 사지를 제외하고 점점 마르게 된다. 때때로 턱뼈가 짧아지고 얼굴이 통통해지기도 한다. 아래턱의 변이 및 척추뼈가 휘는 게 보이며 식욕부진, 무기력증 그리고 신체의 중량을 다리로 통제하지 못하는 것이 나타난다. 새끼일 때는 구루병으로 뼈가 정상적으로 단단해지지 못하고 다리들이 휜다. 성체의 경우는 골연화증으로 근육이 약해지고 뼈가 연해져 체중을 견디지 못하여 제대로 움직이지 못한다. 관절이 제대로 된 기능을 하지 못하기 때문에 다리들이 휘어 있다.

③ 치료

UV의 꾸준한 일광욕 및 핸들링 절대 금지(가장 필요)된다(계속 강조하는 것이지만 UVB 등이 있다면 더 좋겠지만 UVB 등이 없다 해도 평소에 꾸준하게 자연일광욕을 해준다면 어느 정도 예방효과를 볼 수 있다). 알파파, 케일, 청경채, 새싹, 스쿼시(서양계 호박), 양배추 같은 칼슘이 높고 영양이 많은 음식을 투여한다. 파충류 전용 영양제(칼슘 및 비타민)의 꾸준한 투입(단, 너무 과하게 투여해 주면 안 된다)이 도움이 된다. 파충류를 비교적 전문적으로 볼 수 있는 병원에 가서 직접 치료를 받는다.

③ 예방

UVB를 틀어주고 일광욕을 자주 해주어 비타민D_3를 잘 흡수하게 해준다. 주행성 종일 경우 일주일에 2~3회 정도 먹이를 급여할 때 비타민D_3가 포함된 칼슘제를 먹이와 함께 급여한다. 야행성 종일 경우 일주일에 2~3회 정도 비타민D_3가 없는 칼슘제를 먹이와 함께 급여한다.

2) 꼬리 자르기(꼬리 부절, tail loss)

대부분의 도마뱀은 천적으로부터 꼬리를 자르고 미끼로 넘기고 도망치는 것으로 유명하다. 이는 자할/자절이라고 한다. 자절은 도마뱀의 최후의 수단으로, 잘린 꼬리는 신경이 남아 있어 일정 시간 꿈틀대며 움직이게 되고, 이는 천적의 관심을 돌리는 중요한 역할을 한다. 이때 척추혈관이 재빠르게 수축되어 과다출혈은 일어나지 않는다. 재생은 약 18~20일이 걸린다.

도마뱀이란 이름도 꼬리를 토막 내는 것을 보고 토막뱀이라고 부르던 것을 도마뱀이라고 부르게 됐다는 설이 있다.

하지만 이는 말 그대로 최후의 보루다. 잘린 꼬리를 재생시키기 위해서는 많은 에너지를 필요로 하고 또한 도마뱀들은 꼬리에 지방을 저장하기도 하기 때문에 꼬리를 끊는 것은 비효율적인 방어법이다. 심지어 이렇게 한 번 끊고 다시 자라난 꼬리는 다시는 끊어지지 않아, 꼬리 자르기는 일생에 단 한 번 실행 가능한 행동이다.

자절 후 꼬리가 재생되더라도 처음과는 상당히 다른 모양으로 재생된다. 이는 도마뱀이 빠르게 도망가야 할 경우 방향 전환에 긴 꼬리가 상당히 관여한다는 점에서 방향 전환에 불리해진다. 심지어 뼈는 다시 재생이 되지 않아 연골로 대체된다.

① 증상

꼬리를 스스로 자르는 자절 행동으로 꼬리가 절단된 상태이다. 꼬리가 절단된 후 재생하지만 온전하게 자라지는 않아 짧고 뭉뚝하다.

② 예방

예민한 종들은 쉽게 꼬리를 자르는 자절 행동을 보이기 때문에 핸들링하지 않는 것이 좋다. 위협하거나 자극을 주지 않는 것이 좋다.

도마뱀의 꼬리 자르기 – 자절 행동

도마뱀은 위험한 순간을 회피하기 위한 방어 수단으로 자신의 꼬리를 자르고 도망가려 하는 습성이 있다. 잘린 꼬리는 살아 있는 것처럼 자발적인 운동을 한동안 하여 포식자의 주의를 돌리게 해 도마뱀이 도망갈 기회와 시간을 주게 된다. 도마뱀의 꼬리 부절을 예방하기 위해서는 꼬리를 꽉 잡거나 꼬리 부분에 주사를 놓는 등의 통증을 유발하는 일들이 없도록 해야 한다.

그림 6-1 도마뱀의 꼬리 구조

출처: https://www.chosun.com/economy/science/2022/02/23/EJKLPUOUMJFQJC4X52OPJNZGVE/

2. 기니피그

1) 골절

① 증상

뒷다리를 절뚝거린다. 고통이 심해 움직이지 못한다.

② 예방

사육장 틈에 끼거나 발이 빠지지 않게 틈을 이불이나 바닥재로 막아준다. 높은 곳에서 떨어지지 않게 주의한다. 놀라서 사물에 부딪히지 않게 안정된 환경을 만들어 준다. 뒷다리를 잡지 않는다.

Chapter

07 신경계 질환

1. 거북이

1) 구루병(갑연화증)

① 원인

- 비타민D 부족, 칼슘 부족, 일광욕(자외선) 부족 등이 원인이 된다.

② 증상

- 어린 거북의 경우 등이 부드러워지고 변형되거나 관절이 부어서 사지가 휘어진다.
- 성숙한 거북의 경우 등판 한곳이 움푹 들어가는 갑각 함몰 증세를 보이며 흰 반점이 생긴다.

③ 치료

- 비타민D의 부족인 경우에는 비타민D나 칼슘 성분이 풍부한 동물성 먹이를 준다.
- 칼슘이 부족한 경우에는 건조 새우나 작은 물고기 등 칼슘이 많이 포함된

먹이나 칼슘제를 넉넉하게 사료와 함께 준다.

- 일광욕 부족의 경우에는 가능한 한 매일 적어도 1시간은 일광욕을 시켜 준다. 밖에 내놓을 때는 반드시 그늘을 만들어 주고, 햇볕이 따가워 일사병의 위험이 있는 경우에는 UVB(자외선)를 사용한다.

Chapter

08 치과 질환

1. 고습도치

1) 치주병

① 원인

노인 고슴도치에서 자주 보이는 질병은 치주 질환이다.

② 증상

잇몸이 빨갛게 부어오르고, 구취가 굳어지거나, 치아가 빠지며, 잇몸이 후퇴하여 치아가 뻗은 것처럼 보인다. 식욕이 떨어지거나 딱딱한 음식을 먹지 않게 된다.

Chapter

09 안과 질환

1. 거북이

1) 안과 질환

① 증상

눈에 흰 막이 생겨 눈이 붓는다. 활동성이 저하되며 심해지면 눈에 고름이나 염증이 차올라 눈을 뜨지 못한다. 초기 증상으로는 눈을 자주 비비는 행동을 한다.

② 예방

육지거북보다는 수생거북에서 자주 보이며 수질 오염에 따른 감염이기 때문에 사육환경을 청결하게 유지하는 것이 기본이다. 증상을 보였을 경우 식염수로 소독을 자주 해주는 것이 좋다. 급성 증상을 보였을 경우 비타민제나 비타민A가 많이 함유된 먹이를 자주 급여하는 것도 좋다.

2) 눈병

① 원인

비타민A 부족이나 햄이나 소시지(염분도가 높은), 건조 새우나 실지렁이, 물고기의 토막 등 영양가가 낮거나 한쪽으로 치우친 먹이만 먹으면 발생하기 쉽다. 자극물이 들어가거나 더러운 물에서 사육하게 되면 세균의 감염으로 결막염이나 각막염 등을 의심할 수 있다.

② 증상

눈꺼풀이 붓는 것이 특징이며 눈물이나 눈곱이 생겨 눈을 뜰 수 없게 되고 심해지면 먹이를 찾지 못해 죽는 경우도 있다. 발병하면 치료가 힘들고 방치하면 손톱, 발톱의 바로 밑까지 붓게 된다.

그림 9-1 거북이 눈병

출처: https://blog.naver.com/PostView.naver?blogId=dnflwlq1001&logNo=222178794659&parentCategoryNo=&categoryNo=27& viewDate=&isShowPopularPosts=true&from=search

③ 예방 및 치료

비타민A의 부족으로 인한 경우에는 지렁이 등의 생먹이, 닭의 간, 물고기의 내장 등 비타민A를 다량 포함한 먹이를 준다. 그리고 비타민제를 눈이나 입에 늘어뜨려 주는 것도 효과적이다. 눈병은 전염성이 있기 때문에 치료 중인 경우에는 매일 물갈이를 해주는 것이 좋다. 또한 눈 세척제로 눈을 깨끗이 씻어주고 애완동물 전용 안연고를 발라준다. 그리고 간단한 방법으로 식염수와 물을 1 : 3으로 맞추어 하루에 한 시간 정도 반복해서 넣어두면 효과가 나타난다.

2. 도마뱀

1) 눈병

7개월령 도마뱀의 눈에 백태가 끼는 증상이다. 안구 질환이 다발하는 도마뱀 품종으로는 레오파드 게코이다.

탈피가 잘 안 될 때 껍질이 남아 다른 이물질과 섞여 안구 염증이 생긴다. 세균에 의한 2차 감염도 있고, 비타민A 결핍도 있으며, 기생충에 의한 감염, 상처에 의한 감염 등도 있다.

그림 9-2 도마뱀 안구에 염증 발생 및 백태 형성

Chapter

10 기타 질환

1. 거북이

1) 비타민 결핍증

① 비타민E 결핍

혹, 지방종, 지방조직의 농양이 생기며, 치료법은 농양을 제거하고 비타민을 주사한다.

② 비타민B 결핍

중추신경계의 이상, 무기력증이 발병한다. 치료법으로는 비타민 복합제를 주사하는 것이고, 예방법은 일주일에 2회 정도 비타민을 보충한다.

③ 철 결핍

체형의 기형 유발, 성장률 저하를 일으킨다. 치료법은 철이 풍부한 음식물(예: 돼지 간)을 공급하는 것이다.

④ 인과 칼슘 결핍

인과 칼슘의 평형공급이 이루어지지 않으면, 비타민D_3 결핍증상과 같은 결과를 초래한다. 치료법은 비타민 복합제 공급과 칼슘이 많은 먹이(예: 오징어 뼈)를 공급한다.

2) 중이염

수생거북이 오른쪽 볼이 붓고 식욕이 없다. 중이염으로 화농이 차 부어 있는 볼 부위가 특징이다. 외과적으로 수술하여 건강을 회복한다.

그림 10-1 거북이 중이염

출처: https://blog.naver.com/PostView.naver?blogId=pdpsean&logNo=220256962556

2. 도마뱀

1) 알 막힘(Egg Binding)

① 증상

암컷에게 발견되며 난산으로 알을 낳지 못하거나 알이 기형이나 모양이 이상하다. 특별한 증상 없이 나타난다.

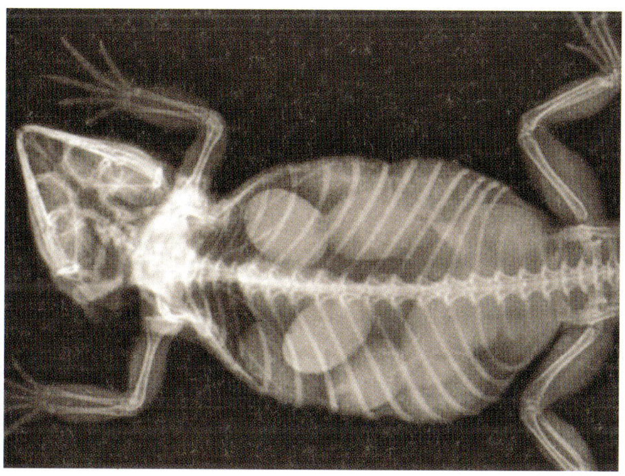

그림 10-2 도마뱀의 알 막힘 X-ray 사진

② 예방

뚜렷한 예방 방법은 없으며, 산란이 얼마 남지 않은 암컷에게 안정을 취하게 해준다. 산란에 스트레스를 받지 않도록 종에 맞게 산란 장소를 만들어 준다. 알 막힘이 의심되는 경우, 동물병원을 방문하여 정확한 진단과 치료를 받아야 한다.

2) 비만

① 증상

운동성이 떨어지고 살이 찐다.

② 예방

개체들의 운동성을 증가시켜 준다. 개체의 성장 상태에 적절하게 성체는 1주일에 2번, 새끼 때는 1주일에 1번 금식을 시키는 것이 좋다. 먹이 급여를 조절하여 준다. 고영양식을 매일 급여하는 것이 아닌 급여하는 날을 정하여 준다.

3. 고슴도치

1) 비만

① 증상

겨드랑이 아래가 노랗게 되면 비만하다는 뜻이다. 이 문제는 지방간 질환을 유발할 수 있다. 지방간은 치료받지 않으면 매우 심각하고 치명적인 병이다. 과도하게 살이 쪘고, 배가 바닥에 닿는다.

② 치료

다이어트를 위해서는 식단에서 지방과 칼로리를 줄인다. 또한 운동을 시켜주고, 쳇바퀴가 없으면 넣어준다.

③ 예방

사육장을 넓게 만들어 주어 운동량을 증가시켜 준다. 운동기구를 넣어주어 운동량을 증가시켜 준다. 동물성 먹이 및 습식 사료와 같은 지방이 풍부한 먹이를 줄인다. 고슴도치와 함께 놀아주어 운동량을 증가시켜 준다.

2) 흔들림 증후군(wobbly hedgehog syndrome, WHS)

① 원인

고슴도치가 흔들림 증후군을 일으키면 쇠약해지고 최악의 경우 죽음에 이른다. 무거운 병으로 특히 비타민과 칼슘이 부족하면 발병한다.

② 증상

흔들림 증후군은 갑자기 걷는 방법이 어색하거나 다리가 떨리거나 하는 질병이다. 특히 뒷다리에서 떨림을 일으키는 경우가 많다. 고슴도치의 근육조절을 천천히 저하시킨다. 처음에는 흔들거리거나 중심을 잡지 못하다가 비틀거리며 뒷다리에 힘을 주지 못하게 된다. 시간이 지남에 따라 몸의 뒤쪽(뒷다리 부분)부터 앞쪽까지 모든 근육의 통제력을 상실한다. 고슴도치 WHS는 보통 2~3세 정도에 발생하는 경우가 많지만, 모든 연령에서 발생할 수는 있다. WHS 발생 시 고슴도치 건강은 몇 주 혹은 몇 달 동안 악화되고 증상이 시작된 후 6수~19개월 내 사망한다.

③ 진단

고슴도치 WHS는 증상 등을 보아 잠정적으로 판단할 수는 있지만, 결정적인 진단(확진)은 부검을 통하여 척수 및 뇌 조직 검사를 통해서만 가능하다.

④ 치료

다양한 비타민 보충제, 항생제, 스테로이드 치료제가 사용되어 일시적으로 징후를 개선시키거나, 질병의 진행을 늦추어 보이지만 WHS 마비의 진행을 막는 치료법은 없다.

3) 쭈글쭈글한 귀

① 원인

주름진 귀는 진드기, 진균류, 식이 문제가 주원인이다.

② 치료

동물병원에 가서 진드기인지 진균류인지를 검사받는다. 일단 이런 두 가지 문제들이 해결되면 약간의 코코아 버터 또는 비타민E 크림을 귀에 일주일에 몇 번 정도 발라주면 피부가 촉촉해진다. 오메가3, 6와 9 지방산을 보충할 수 있는 보조물들을 투여한다. 이런 지방산들은 종종 건성 피부 문제를 해결해 주기도 한다.

4) 귀 진균류

고슴도치의 귀들은 끝이 부드럽고 둥글해야 하며, 그렇지 않고 귓속에서 자라는 쭈글쭈글한 것들(fingers)이 있으면 귀에 진균류가 있는 것이다. 이 진균류는 목재류(베딩, 신문, 기타)에서 전염된 일반적인 우드 진균류로 알려져 있다.

5) 귀에서의 분비물

고슴도치 귀에서의 분비물은 진드기 또는 이염의 가능성이 있다.

저자소개

■ 김옥진

서울대학교 수의과대학 및 동대학원 · 수의학박사
前 미국 농무부 동물질병연구소 연구과학자
대한수의학회 동물보건사 분과 위원장
現 한국동물매개심리치료학회 회장
대한수의학회 부회장
원광대학교 동물보건학과 교수, 수의사

■ 함희진

서울대학교 수의과대학 및 동대학원 · 수의학석사
강원대학교 수의과대학 대학원 · 수의학박사
前 서울시보건환경연구원 25년 근무, 질병연구 등
現 한국동물매개심리치료학회 상임이사
호서대학교 동물보건복지학과 교수, 수의사

반려동물질병학

Diseases of Companion Animals

초판 1쇄 인쇄 / 2024년 2월 28일
초판 1쇄 발행 / 2024년 3월 5일

공저자 / 김옥진 · 함희진
발행인 / 이 중 수
발행처 / **동 문 사**

서울특별시 서대문구 홍제원 1길 12
(홍제동 137-8)
Tel : 02)736-3718(대), 736-3710, 3720
Fax : 02)736-3719
등록번호 : 1974.04.27. 제9-17호
가격 : 26,000원

ISBN : 979-11-6328-568-7 (93520)
E-mail : dong736@naver.com
www.dongmunsa.com